裂隙介质地下水水流

及溶质运移

谈叶飞　陈舟　沙海飞　周志芳　著

中国水利水电出版社
www.waterpub.com.cn
·北京·

内 容 提 要

本书在详细论述单裂隙水流及溶质运移国内外研究进展的基础上，开展了单裂隙水流物理及数值模拟实验研究。重点研究了单裂隙水流及溶质运移实验中示踪剂浓度的图像识别方法、人工单裂隙实验、LBM/MMP 混合方法在模拟单裂隙水流中的应用以及非达西流条件下的实验方法及模拟技术等。

本书可供地下水科学与工程、地下水环境保护、地下水资源开发利用及岩土体渗流等领域的科技人员使用，也可作为上述专业高年级本科生、研究生和相关教师的参考用书。

图书在版编目（ＣＩＰ）数据

裂隙介质地下水水流及溶质运移 / 谈叶飞等著. --
北京：中国水利水电出版社，2018.6
ISBN 978-7-5170-6618-7

Ⅰ．①裂… Ⅱ．①谈… Ⅲ．①裂隙介质－地下水－物
质运输－研究 Ⅳ．①P641.2

中国版本图书馆CIP数据核字(2018)第149404号

书　　名	**裂隙介质地下水水流及溶质运移** LIEXI JIEZHI DIXIASHUI SHUILIU JI RONGZHI YUNYI
作　　者	谈叶飞　陈舟　沙海飞　周志芳　著
出版发行	中国水利水电出版社 （北京市海淀区玉渊潭南路 1 号 D 座　100038） 网址：www. waterpub. com. cn E - mail：sales@waterpub. com. cn 电话：(010) 68367658（营销中心）
经　　售	北京科水图书销售中心（零售） 电话：(010) 88383994、63202643、68545874 全国各地新华书店和相关出版物销售网点
排　　版	中国水利水电出版社微机排版中心
印　　刷	天津嘉恒印务有限公司
规　　格	170mm×240mm　16 开本　7.75 印张　208 千字　8 插页
版　　次	2018 年 6 月第 1 版　2018 年 6 月第 1 次印刷
定　　价	**39.00 元**

前言

　　地下水是宝贵的水资源，直接参与地球水循环，是地球水圈的重要组成部分，与人类的生活密切相关。随着人类活动范围的扩大，人类加强了裂隙介质含水层的开发和利用，引发了与之相关的一系列环境方面的问题，如废料填埋的污水下渗、海水入渗、输油管道老化而引起的渗漏等。所有这些环境问题都和裂隙地下水及溶质运移有关，然而由于溶质运移是一个非常复杂的过程，再加上裂隙岩体本身的复杂性，使得这项问题的研究变得非常困难。因此在前人的基础上，加强此方面的理论及实验研究就显得十分迫切而必要。

　　本书作者进行了一系列的裂隙水流及溶质运移实验，利用数字图像识别技术对常用示踪剂高锰酸钾和亮蓝的吸附性进行了分析，为正确选择示踪剂提供了依据；在裂隙沟槽流现象的基础上，利用多孔介质的组合进行了裂隙概化模型的溶质运移实验，并对所得阶梯状不规则穿透曲线进行了分析拟合；对天然页岩进行劈裂，并用玻璃转模技术复制了该裂隙，进行了页岩裂隙和玻璃裂隙中水流及溶质运移实验，研究了材料对实验的影响以及污染物淤堵对裂隙流场的影响；利用 LBM/MMP 混合方法对粗糙裂隙水流及溶质运移进行了二维模拟，并提出了建立三维仿真裂隙的方法；对非达西流条件下的裂隙水流及溶质运移进行了物理及数值模拟。本书的主要内容如下：

　　（1）考虑到溶质的吸附性，基于数字图像识别技术研究溶质运移规律。

（2）在裂隙沟槽流本质的基础上，提出了带空腔结构的裂隙概化模型，进行了概化模型实验，对实验所得不规则穿透曲线进行了研究，并对空腔体对裂隙溶质运移所起作用进行了分析；利用透明玻璃材料复制页岩裂隙，使得对裂隙内部的观察更直观，同时也比较了不同材料对裂隙水流及溶质运移的影响；通过对粗糙裂隙中水流的模拟，发现前人研究中关于沟槽流理论的一些局限性。

（3）在前人的研究基础上进一步用 LBM 推导了带速度项的 M 维对流弥散方程；将 LBM 和 MMP 结合模拟二维粗糙裂隙中水流及溶质运移，在一定程度上提高了模拟的稳定性并降低了对计算机硬件的要求；同时在三维 LBM 应用方面提出了用裂隙剖面分形维数生成适合 LBM 运算的粗糙仿真裂隙。

（4）通过物理实验模拟了不同类型的粗糙单裂隙中的非达西流及溶质运移，并利用数值模型进行了模拟计算。

谈叶飞、周志芳、沙海飞负责本书第 1～4 章的编写及校正，陈舟负责第 5 章的编写及校正。本书的出版得到了南京水利科学研究院出版基金的资助以及中国水利水电出版社的支持，在此表示衷心的感谢。

鉴于作者学识水平有限，书中难免有不足之处，恳请读者不吝赐教。

作者

2017 年 11 月

目录

第1章

绪　论

1.1　概述

地下水是宝贵的水资源，直接参与地球水循环，是地球水圈的重要组成部分，与人类的生活密切相关（图 1.1）。18 世纪中叶，H. Darcy 通过实验总结出了著名的达西定律，一百多年来，基于达西定律建立的经典渗流理论发展迅速。然而，由于经典的渗流理论是以连续介质（土体）假定为基础的，众多的工程实例和科学研究表明，岩体渗流与土体渗流有着本质的区别。虽然苏联学者 Lomize 于 20 世纪 50 年代中期就系统地发表了一份具有开创性的关于裂隙岩体渗流的报告[1]，但直到 1959 年 12 月，结构设计合理、施工质量精良的法国 Mallpaset 拱坝（坝高 60m）和意大利的 Vajont 拱坝（坝高 260m）的失事，岩体渗流才逐渐得到工程界的重视[2,3]。这是因为裂隙渗流和多孔介质渗流相比，具有明显的各向异性特征，且其中水流往往不符合达西定律，如仍用多孔介质中的理论和方法，势必带来一系列不良后果。

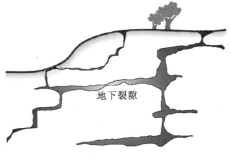

图 1.1　地下水：地球水圈的重要环节

随着人类活动日益向地下空间的深入，以裂隙岩体地下水及其相关的问题为主要对象的研究越来越重要。据统计，截至 2002 年年底，我国有 85288 座水库，其中有 36％存在安全隐患，有安全问题的水库中，30％是大中型水库，存在严重的水库渗漏问题，直接威胁人民群众的财产和生命安全，必须采取加固除险措施。近年来，我国的基础设施建设发展较快，水电站的建设也正在蓬勃兴起，在建和已建的水利工程如三峡、龙滩、溪洛渡、锦屏、新安江、二滩、糯扎渡、紫坪铺、瀑布沟等，绝大多数分布在我国西部地区，其复杂的地质结构条件对水电站的安全建设是一个极大的挑战。该地区板块活动强烈，各种应力表现活跃，断层、节理和裂隙相当发育，特别是锦屏水电站，其左岸深裂缝相当发育，有的地方隙宽甚至达到 20cm。因此，必须考虑坝基、坝肩、高边坡、地下厂房、引水隧洞等建筑物的渗透稳定性，即需要对裂隙岩体的渗流进行研究。这将有助于我们提出地下建筑物的防渗和排水、坝基和坝肩的稳定性方案，了解地下水对坝基混凝土和挡水建筑物的腐蚀性等[2]。

溶质运移一直是国内外学者重点关注的问题之一。然而，由于溶质运移是一个非常复杂的过程，再加上裂隙岩体本身的复杂性，使得这项问题的研究变得非常困难。裂隙中溶质运移研究是从核工业发展起来以后，为了核废料的地下储存而开展起来的。近几十年来，在世界范围内，核能事业得到了快速发展，同时也带来了诸如核废料储存等一系列环境问题。将核废料封闭储存于基岩中仍是当前被广为采纳的方法之一，然而基岩中通常含有大量断层和节理，地下水及入渗雨水会沿着裂隙甚至在岩体基质中缓慢流动，为了不将核废料带入人类生活环境中，需要在核废料填埋地点进行裂隙水流和溶质运移实验或模拟。对核废物在基岩裂隙介质中进行地质处置是否可以确保安全，在相当程度上取决于裂隙岩体对废物的屏障功能和作为核废物迁移载体的裂隙水的运动特征，因此研究裂隙介质中污染物迁移问题，具有重要的理论意义和实际意义[2,4-9]。

此外，在采矿、路桥建筑等行业，往往也需要考虑裂隙渗流及其影响。例如，在采矿和路桥隧洞开挖中，经常遇到突水情况，并可能造成坍塌等重大事故，即使在隧洞运营期间，也需要考虑裂隙渗流，并采取相应的防渗措施，以防止长期渗流而造成险情。

几十年来，在国内外学者的努力下，裂隙介质中水流及溶质运移研究已经取得了一定进展，许多研究成果也相应问世。这方面的研究主要可以分为两大类，即：①裂隙网络中的水流和溶质运移研究；②单裂隙中水流及溶质运移研究。在许多实际工程中，由于研究区域相对较广，裂隙数量庞大，一般采用连续介质模型，即将含有大量裂隙的裂隙介质等效成连续的多孔介质，从而大大简化了模型的计算。然而此模型具有一定的局限性，因为裂隙的分布本身具有一定的随机性，很多时候是以离散形式出现，此时仍采用连续介质模型，将使计算结果失真。作为研究裂隙水流和溶质运移问题的基础，单裂隙中水流及其相关问题的研究也受到众多学者及研究人员的重视。

相对于饱和裂隙中水流及其相关问题，人们对于非饱和裂隙中水流问题的研究起步稍晚，但在过去几十年间也开始受到广泛重视[10-12]。此外，随着环境污染问题，特别是非水相化合物的污染问题的加重，人们对多相流的研究也越来越深入[13-20]。

1.2 单裂隙中水流及溶质运移问题的研究进展

1.2.1 单裂隙中水流问题研究进展

1.2.1.1 单裂隙水流理论模型的发展

张开度远远小于其长宽尺寸的断裂称为裂隙。关于裂隙中水流问题的研究已经开展了几十年[21,22]，这些研究始终集中在四个基本方面[23]：①建立裂隙概念模型；②建立模型解析解或数值解的方法；③对裂隙水力特征进行描述；④运用随机方法描述裂隙隙宽及水文地质参数。早期研究单裂隙时，通常把其简化成平直、光滑且隙宽处处相等，通常忽略裂隙基质本身的渗透性，因此在整个裂隙面上的渗透性是各向同性。等温条件下不可压缩牛顿流体 Navier - Stokes 方程如下

$$\rho\left(\frac{\partial u_i}{\partial t} + \sum_{\lambda=x,y,z} u_\lambda \frac{\partial u_i}{\partial \lambda}\right) = \mu \sum_{\lambda=x,y,z} \frac{\partial^2 u_i}{\partial \lambda} - \frac{\partial P}{\partial i} + \rho g_i \quad (i=x,y,z) \quad (1.1)$$

式中　ρ——流体密度；

μ——液体动力黏滞系数；

u_i——流体在 i 方向上的速度分量；

P——流体压力；

g_i——方向 i 上的重力加速度分量。

对于稳定流，式（1.1）中左边项为 0，于是得到

$$\mu \sum_{\lambda=x,y,z} \frac{\partial^2 u_i}{\partial \lambda} - \frac{\partial P}{\partial i} + \rho g_i = 0 \quad (1.2)$$

式（1.2）也被称为 Stokes 方程，在平行板模型中，该方程的解如下

$$u(z) = -\frac{b^2}{8\mu} \frac{\mathrm{d}P}{\mathrm{d}x} \left(1 - \frac{4z^2}{b^2}\right) \quad (1.3)$$

式中　b——裂隙宽度。

从式（1.3）中可以看出速度剖面呈抛物线形态，如图 1.2 所示。通常被称为泊肃叶流（Poiseuille's flow）。在宽度上对其积分可得

$$\int_{-b/2}^{b/2} u(z)\mathrm{d}z = -\frac{b^2}{12\mu} \frac{\mathrm{d}P}{\mathrm{d}x} \quad (1.4)$$

对其整理即可得到著名的裂隙水流立方定律

$$q = \frac{gb^3}{12v}J \quad (1.5)$$

式中　q——单宽渗流量；

J——水力坡降；

b——裂隙宽度；

g——重力加速度；

v——水流的运动黏滞系数。

运用立方定律求得的裂隙内部流场为层流且水流速度处处相等，而在紊流阶段或微裂隙中运用立方定律求得的结果往往不尽如人意[24]。

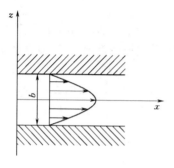

图 1.2 平行板间流速剖面图

理想裂隙在自然界是不存在的，天然裂隙面均为粗糙裂隙，其隙宽是沿程变化的。通常上下裂隙面会有一定程度的接触，而且其有效隙宽往往取决于隙面所受法向应力的大小。天然裂隙中水流在流动过程中遇到许多阻碍，即使对于裂隙中的纯粹泊肃叶流，其与裂隙面接触的占裂隙体积 10％的区域只传递约 5％的流量，Djik 和 Berkowitz[25]运用核磁共振技术，获得饱和粗糙裂隙中水流图像，其中水流速度剖面呈类似抛物线，但不完全对称，这种速度

分布对其中水流的影响十分明显，因此人们开始怀疑立方定律是否一直有效。Hakami 和 Larsson[26]对瑞典 Äspö 地区采集的天然花岗岩裂隙进行了水力实验和隙宽测量，结果表明测量得到的平均隙宽是通过立方定律得到的水力隙宽的约 1.4 倍。随着研究的深入，人们逐渐认识到把裂隙简单地简化为平直光滑的平板模型还具有很多其他方面的局限性。例如，裂隙中局部水流密度和温度的改变都将对流场产生影响，而立方定律只考虑了裂隙的隙宽、尺寸和水的黏滞系数（动力黏滞系数或运动黏滞系数），虽然流体的黏滞系数和温度、密度密切相关，但是由温度/密度的不均导致的热对流/密度流却被忽略。除了温度、密度之外，裂隙压力也对其中的流场产生一定的影响。Witherspoon 和 Wang 通过室内实验证明，当平板裂隙压力超过 10MPa 时，用立方定律得出的结果和实际情况相差甚远[27]。这说明只有在一定的压力范围内才能运用立方定律进行简化运算。

考虑到立方定律的局限性，众多学者对其进行了改进，该研究主要是为了揭示和定量分析传统立方定律在实际运用中的偏离情况。而改进的关键问题则在于隙宽的确定。一般来说，隙宽主要有三种定义[28]，分别是平均隙宽 $<b>$、机械隙宽 b_m 和等效水力隙宽 b_h。平均隙宽 $<b>$ 是指裂隙隙宽函数 $b(x,y)$ 的平均值；机械隙宽 b_m 为裂隙面发生的最大闭合变形量；等效水力隙宽 b_h 是为了应用立方定律于实际裂隙而提出的概念，即是将实验所得裂隙渗流量代入立方定律反求得到的裂隙宽度。对于光滑平行板裂隙，这三种隙

宽值是相等的；而对于实际粗糙裂隙，它们通常是不等的。

　　Lomize 通过一系列实验研究了粗糙裂隙对水流的影响，在此基础上引进了裂隙粗糙度的概念[1]。Snow 将此粗糙度概念运用于天然裂隙的水流模拟中，并对传统立方定律进行了相应的评价[29]。Lomize 和 Louis 在大量实验基础上提出的立方定律修正公式，见表 1.1 和表 1.2。

表 1.1　　　　　　　　　　渗透定律表一（Lomize, 1951[1]）

缝壁	状况	光　滑	粗　糙
水流状态	层流	$V_f = \dfrac{gb^2}{12v}J$ $q = \dfrac{gb^3}{12v}J$ $\lambda = \dfrac{6}{Re}$	$V_f = \dfrac{gb^2}{12v}J \dfrac{1}{1+6(\Delta/b)^{1.5}}$ $q = \dfrac{gb^3}{12v}J \dfrac{1}{1+6(\Delta/b)^{1.5}}$ $\lambda = \dfrac{6}{Re}\dfrac{1}{1+6(\Delta/b)^{1.5}}$
	紊流	$V_f = 4.7\sqrt[4]{\dfrac{g^4 b^5}{v}J^4}$ $q = 4.7b\sqrt[4]{\dfrac{g^4 b^5}{v}J^4}$ $\lambda = 0.056\dfrac{1}{Re^{0.25}}$	$V_f = \sqrt{gbJ}\left[2.6+5.11g(b/2\Delta)\right]$ $q = b\sqrt{gbJ}\left[2.6+5.11g(b/2\Delta)\right]$ $\lambda = \dfrac{1}{2.6+5.11g(b/2\Delta)}$
线性定律	上限适用	$(Re)_{kp} = 600$	$N_1 = 600 \times \left[1-0.96(\Delta/b)^{0.4}\right]^{1.5}$

表 1.2　　　　　　　　　　渗透定律表二（Louis, 1969[30]）

缝壁	状况	$\Delta/b \leqslant 0.033$	$\Delta/b > 0.033$
水流状态	层流	$V_f = \dfrac{gb_h^2}{12v}J$ $q = \dfrac{gb^3}{12v}J$	$V_f = \dfrac{gb_h^2}{12v}J$ $q = \dfrac{gb^3}{12v}J \dfrac{1}{1+8.8(\Delta b)^{1.5}}$
	紊流	$V_f^{1.75} = K_f'J$ $q = \dfrac{g}{0.079}\left(\dfrac{2}{v}\right)^{0.25}b^3 J$ $V_f^2 = K_f'J$ $q = 4g^{0.5}\left(\lg\dfrac{3.7}{\Delta b}\right)b^{1.5}J^{0.5}$	$V_f^2 = K_f'J$ $q = 4g^{0.5}\left(\lg\dfrac{1.9}{\Delta b}\right)b^{1.5}J^{0.5}$

　　表 1.1 和表 1.2 中 K_f' 为紊流时裂隙渗透系数，V_f 为裂隙水流平均速度，Δ 为裂隙绝对糙率。由于天然裂隙中粗糙颗粒分布不均且凸起高度差异较大，因此在实际情况中仍无法确定 Δ 的值。紊流时，水头损失与流速呈非线性关系，可用 $V^m = -K_f'J$ 表示，式中 m 为紊流时的非线性指数，其变化范围为 $1\sim2$[2]。光滑裂隙中紊流公式为 $q^m = V_f^m b^m = K_f'Jb^m$，由此可得

$$\lg J = \lg \frac{1}{K_f' b^m} + m \lg q \qquad (1.6)$$

通过室内实验可以得到 $\lg J$ 和 $\lg q$ 之间的关系直线，其斜率即为 m。

Barton 等首次提出将岩石节理粗糙系数 JRC 运用于裂隙水力隙宽的求解，提出水力隙宽、机械隙宽和 JRC 之间的关系式[31]

$$b_h = \frac{b_m^2}{JRC^{2.5}} \qquad (1.7)$$

于是立方定律修正为

$$q = \frac{1}{JRC^{7.5}} \frac{g b_m^6}{12v} J \qquad (1.8)$$

上式中的难点在于 JRC 的确定，虽然很多学者提出一系列 JRC 的测量方法[32-35]，然而由于其尺度效应[36]及粗糙度的各向异性等条件限制，使得测量准确度仍有待提高。

Iwai 通过大量单裂隙水流实验发现裂隙的面积接触率 ω（裂隙面接触面积与总面积之比）与水流规律存在一定的联系[37]。据此得出的理想裂隙模型中，沿水流法向方向，裂隙开度连续变化；而在沿水流方向，裂隙开度不变。进而 Walsh[38] 和周创兵等[39]分别推导出如下公式

$$q = \frac{g b_{max}^3 (1 - \omega)}{12v(1 + \kappa \omega)} J \qquad (1.9)$$

式中　　κ——经验系数，Walsh 建议 $\kappa = 1$，周创兵等建议 $\kappa = 0$。

Amadei 等则提出如下的修正公式[40]

$$\left. \begin{array}{l} q = \Gamma \dfrac{g <b>^3}{12v} J \\[3mm] \Gamma = \dfrac{1}{1 + 0.6 \left(\dfrac{\sigma_b}{<b>} \right)^{1.2}} \end{array} \right\} \qquad (1.10)$$

式中　　σ_b——隙宽均方差。

Nolte 对等石英二长岩芯试样进行渗流实验，3 个试样的成果整理发现，隙宽指数 n 远远大于 3，随隙宽增大分别为 7.6、8.3 和 9.8[41]。张有天等采用计算机生成人工裂隙和有限元数值计算方法，经分析认为，单宽流量 q 与 b_m 也不是 3 次方关系，n 均大于 3，并随裂隙粗糙程度的增加而增大[42]。耿克勤根据人工、天然光滑和粗糙裂隙的实验结果分析得到，对于小开度裂隙层流而言，$1.7 \leqslant n \leqslant 3.0$，裂隙面几何形态越光滑 n 值越大；对于中开度过渡状态，$0.8 \leqslant n \leqslant 1.4$；对于大开度裂隙，$0.3 \leqslant n \leqslant 0.48$[43]。在此基础上，许光祥等进行了归纳总结，提出了次立方定律和超立方定律的概念，并通过试验进行了验证[44]。

Neuzil 和 Tracy 模拟了由一系列不同隙宽的平行板模型组成的裂隙，这些平行板模型的隙宽分布符合对数正态分布。模拟结果显示，此裂隙中的水流主要通过隙宽较大的路径，裂隙中水流存在优势流[45]。

Tsang 等利用电阻代替水流发现裂隙的曲折程度对其中的水流有着较为明显的影响，而且隙宽越小，曲折度的影响越明显。和普通的光滑平行板模型相比，裂隙曲折度和隙面粗糙度对水流产生的阻滞影响可以将水流速度降低 3 个数量级以上[46]。Brown 详细研究了裂隙粗糙度对水流的影响[47]，他利用分形方法生成的粗糙裂隙，模拟了其中的水流状态。他认为，在隙宽较小的情况下，裂隙的曲折度对其中的水流有着十分明显的影响，这也进一步证明了 Tsang 的结论。

Rasmason 和 Neretnieks 历时 3 年在瑞典一个废弃的 Stripa 矿里进行了现场实验[48]，通常称这个实验为 Stripa - 3D 实验，它揭示了裂隙岩体中水流和运移的主要特征。Heath[48] 和 Bourke[49] 也在康沃尔做了现场实验，他们的研究发现，水流很大程度上在裂隙岩体中被隔离的管道流里面流动，并没有大面积的水流发生，水流仅仅在 5%～20% 的裂隙面内流动。在加拿大安大略的白垩纪石灰岩和美国伊利诺伊州东北部的志留纪白云岩中，Novakowski[50]、Raven[51] 和 Shapiro[52] 分别进行了现场示踪剂实验，发现通过裂隙隙宽估计的水力传导系数和溶质的迁移规律与现场观测的不一致，如果裂隙隙宽的变化很小，则与实际观测吻合得较好。因此，上述的现场实验提供给我们这样一个事实：裂隙面的平行板模型假定并不适用，水流和溶质运移只在裂隙形成的管道或沟槽中发生。

Pyrak[53] 等在不同压力条件下，将熔化的金属代替水流注入裂隙中，冷却后打开，发现液体在其中的流动路径是曲折的，沿一定的路径流动，具有优势流和沟槽流的特征。为了有效地模拟裂隙中的沟槽流，Y. W. Tsang 和 C. F. Tsang[46,54] 提出了一种新的概念模型。他们运用对数正态分布函数并在平均、差异和空间相关长度基础上生成隙宽统计分布，进行了水流和溶质运移数值模拟，预测了其中的穿透曲线，预测的结果和 Moreno 等[55] 提供的数据能很好地吻合。

1.2.1.2 单裂隙物理模型实验

由于现场水文地质条件以及岩体的复杂性，开展现场实验工作需要大量的人力和物力，测试方法和测试装置的不同，所得到的结果也不一定完全一致[56]。室内实验相对来说花费较少而且有较精确的测试方法，因此大部分实验通过室内的小尺度模型进行。

研究者最初是利用两块光滑平板，通过控制两块平行板之间的距离来模拟不同隙宽的裂隙，这类装置较为简单，使用的平行板通常为有机玻璃板或

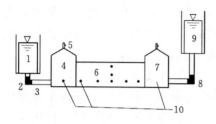

图 1.3　光滑平行板模型[24]

1—下游稳流箱；2—下游流量计；3—导流
管；4—模型下游连接水箱；5—排气阀；
6—模型；7—模型上游连接水箱；
8—上游流量计；9—上游稳流
水箱；10—测压管嘴

玻璃板，国内外众多学者都做过类似的实验[1,24,30]，图 1.3 为速宝玉等制作的光滑裂隙水流实验装置。在此基础上进一步发展，人们开始在平行板上粘贴粗糙颗粒来模仿粗糙裂隙，大多数此类实验都是利用标准粒径的砂粒来充当粗糙颗粒[57-59]，并通过粘贴不同粒径的砂粒和控制平行板之间的距离来获得不同的粗糙裂隙。也有研究者利用机械加工后的钢板来模拟粗糙裂隙。许光祥等[44]为了验证其理论，加工了包括光滑裂隙在内的 5 种不同形态的裂隙进行水流实验，如图 1.4 所示。由于粘贴的砂粒粒径或机械加工出的粗糙颗粒都比较均匀，虽然获得了粗糙的裂隙，但和实际情况仍相距甚远。于是研究者开始利用混凝土来获得仿真裂隙[56,60-62]并进行水流及溶质运移实验（图 1.5）。这在一定程度上让研究者获得更为接近实际的实验数据，但是混凝土和天然岩体在材料特性上存在较大差别，如透水性、表面可湿性等，都对其内部水流及裂隙本身形态产生影响，于是一些学者开始利用岩芯中的天然裂隙[63]，或者利用

试件名称	试件隙段纵剖面	说　明
平板	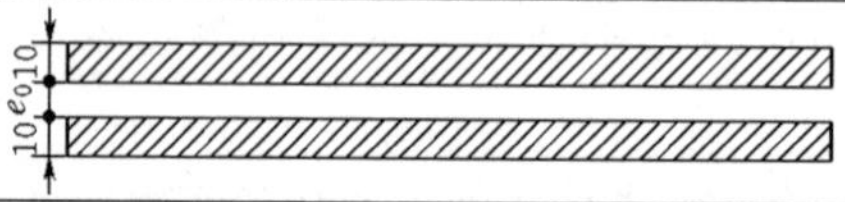	光滑平行板
吻三	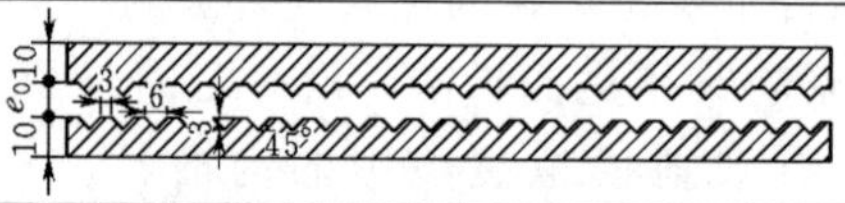	上下两隙面完全吻合
平三	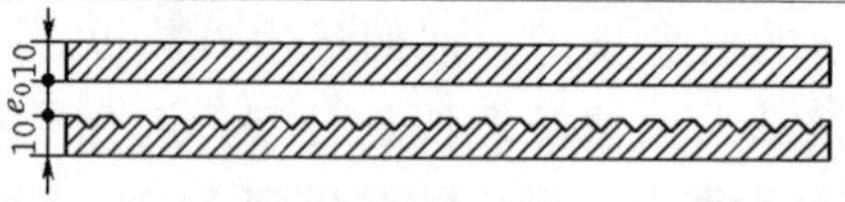	下隙面吻三试件下隙面完全相同，上隙面为平板
平矩	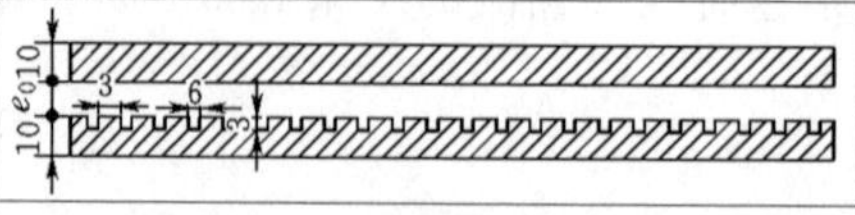	下隙面凹下面积与吻三试件完全相同，上隙面为平板
吻曲	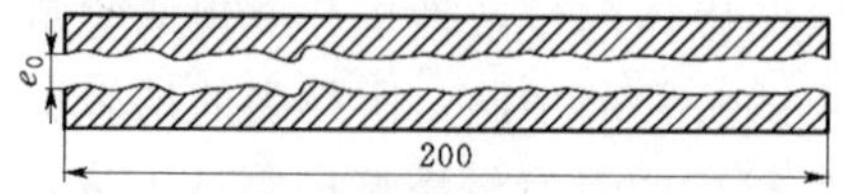	上下两隙面曲线随机生成，上下两隙面完全吻合

图 1.4　机械加工的不同形态裂隙[44]（单位：mm）

（实验面加工精度＜±0.01mm）

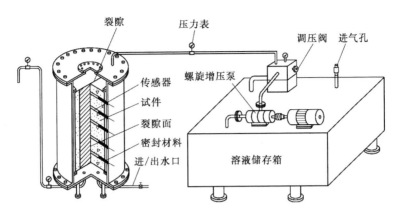

图 1.5　利用混凝土制作的仿天然裂隙[56,61]

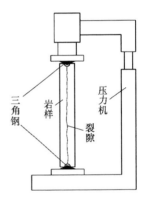

图 1.6　利用压力机对岩样施压来产生裂隙

天然岩样制作人工裂隙，如图 1.6 所示。也有直接在野外进行较大尺度的单裂隙水流实验[64]。在过去的几十年中，研究人员逐渐开始运用诸如裂隙粗糙面剖面测量、低熔点金属注入和树脂铸造等技术来获得更加接近真实裂隙的模型来进行相关的模拟[46,47,53,65]，这些模型考虑了裂隙隙宽变化及其对水流影响的实际情况，对研究变隙宽裂隙中的水流运动提供了极大的帮助。

1.2.1.3　裂隙水流问题的数值模拟

对于某些复杂问题，如在寻求裂隙的渗透性质与影响溶质运移的控制因素的关系时，现场实验和室内实验的测试手段都不完美，这就需要求助于数值模拟，对于这些复杂问题，数值模拟是一种比较方便且精度较高的方法。一些室内实验无法模拟的现象通过数值模拟得到了较好的解决[56]。

自 20 世纪 60 年代末期以来，关于裂隙中水流等相关问题的数值模拟已经发展了 40 多年[66]。据统计，截至 1994 年，已经出现至少 30 余种求解此类相关问题的专门软件[67]。Streltsova - Adams[68]在求解混合含水层井流问题时描述了几种求解裂隙水流的解析法。Elsworth[69]提出了求解具有特定几何形状层流或紊流问题的解析方法，由于对问题中水流的形状有特定要求，因此其应用受到了限制。Amadei 和 Illangasekare[70]运用积分变换得到矩形裂隙中流体势能场的连续表达式。这个方法可以在裂隙隙宽和粗糙度各向异性的情况下使用，同时也可以为进一步研究立方定律提供依据。由于积分变换的运用，不需要再对裂隙进行离散，但是裂隙的几何形态不能过于复杂，运用仅

9

限于裂隙形态较为简单的情况。

在求解裂隙中水流及传质问题时，通常用到差分和积分法来求解平衡方程。对于空间求导问题，积分法往往获得比有限差分法（FDM）更为广泛的应用，原因之一就是积分法能更好地适应不规则几何区域。常用的积分法包括有限单元法（FEM）[70,71,72]和边界元法（BEM）。Elsworth[69,73]曾运用BEM-FEM 混合方法来模拟裂隙水流问题，同时积分有限差分法（IFDM）也获得了广泛的运用[74-76]。积分型有限差分法通常使用 Crank-Nicholson 法逼近来处理时间导数。为了在高 *Péclet* 数条件下获得稳定解，Sudicky 和McLaren[77]引进了 Laplace 变换。

20 世纪 80 年代，在格子气自动机（Lattice Gas Automata）理论的基础上发展出了一种新型流场模拟方法——格子波茨曼方法（Lattice Boltzmann Method)[78-84]。与传统的模拟方法相比，该方法具有规则简单、复杂边界易处理、能适应大规模并行计算等优点，并迅速成为模拟复杂流场的新工具[85-92]。

早在 20 世纪六七十年代，研究人员就已经开始利用诸如时间序列法、谱分析法和蒙特卡罗法来模拟裂隙隙宽概率分布，这些方法的共同点就是通过对随机参数的控制得到所需要的介质特点，如非均质性和各向异性。20 世纪90 年代，随着分形技术的充分发展，以及对裂隙面分形特点认识的逐渐成熟，人们开始采用分形技术对裂隙面的粗糙度和裂隙侧面进行分析和模拟[93-95]。众多的研究表明隙宽满足对数正态分布或者高斯分布[26,96]，同时，隙宽分布的方差较大，说明了模拟隙宽非均质性的重要性[56]。

1.2.2 单裂隙中溶质运移问题的研究进展

1.2.2.1 单裂隙中溶质运移机理研究

费克定律（Fick's law）是研究溶质运移的有力工具，大部分溶质运移问题都是建立在其基本假设之上：①溶质扩散现象和时间及运移距离无关；②对于瞬间溶解的溶质源，在给定的某一时刻，浓度的空间分布呈正态分布。符合以上假设的扩散称为费克扩散（Fickian dispersion），单裂隙中的溶质运移现象主要包括以下几个方面[97]：

（1）裂隙间由水流运动引起的溶质迁移，绝大多数情况下，岩石基质骨架中的对流因其流速相对于裂隙间的对流流速而言过小而被忽略不计。

（2）裂隙间溶质机械扩散速度由该处水动力条件决定。

（3）溶质的分子弥散作用不仅在裂隙间发生，同时也存在于岩石基质骨架中。

（4）溶质和裂隙壁之间通常发生物理化学作用。

（5）温度和压力等物理条件也对溶质运移产生一定的影响。

裂隙对流扩散问题的最简单方程为式（1.11），其用于描述平行板模型中对流扩散问题，两个裂隙面为不透水边界，忽略骨架扩散、吸附反应等复杂条件。

$$\frac{\partial C_{\mathrm{f}}}{\partial t} = D_{\mathrm{L}} \frac{\partial^2 C_{\mathrm{f}}}{\partial^2 x} - u \frac{\partial C_{\mathrm{f}}}{\partial x} \tag{1.11}$$

式中　C_{f}——溶质浓度；

$\quad\quad t$——时间；

$\quad\quad x$——沿裂隙方向的空间距离；

$\quad\quad u$——裂隙中水流速度；

$\quad\quad D_{\mathrm{L}}$——裂隙中溶质的水动力弥散系数，通常表示为 $D_{\mathrm{L}} = \alpha_{\mathrm{L}} u + D_{\mathrm{m}}$，其中 α_{L} 为扩散系数，D_{m} 为溶质的分子弥散系数。

对于瞬时注入溶质的情况，式（1.11）的经典解析解如下

$$C_{\mathrm{f}}(x,t) = \frac{m_0 x}{bWu \sqrt{4\pi D_{\mathrm{L}} t^3}} \exp\left[-\frac{(x-ut)^2}{4D_{\mathrm{L}} t}\right] \tag{1.12}$$

式中　m_0——注入溶质的质量；

$\quad\quad W$——裂隙横向宽度。

对于持续注入浓度为 C_0 溶质的情况，其解析解可写成[98]

$$C_{\mathrm{f}}(x,t) = \frac{C_0}{2}\left[\mathrm{erfc}\left(\frac{x-ut}{2\sqrt{D_{\mathrm{L}} t}}\right) + \exp\left(\frac{ux}{D_{\mathrm{L}}}\right)\mathrm{erfc}\left(\frac{x+ut}{2\sqrt{DA_{\mathrm{L}} t}}\right)\right] \tag{1.13}$$

式（1.13）在 ux/D_{L} 足够大的条件下可以简化成

$$C_{\mathrm{f}}(x,t) = \frac{C_0}{2}\mathrm{erfc}\left(\frac{x-ut}{2\sqrt{D_{\mathrm{L}} t}}\right) \tag{1.14}$$

当 $ux/D_{\mathrm{L}} > 500$ 时，误差约为 3%[98,99]。其边界条件和初始条件为

$$C_{\mathrm{f}}(0,t) = C_0 \tag{1.15}$$

$$C_{\mathrm{f}}(\infty,t) = 0 \tag{1.16}$$

$$C_{\mathrm{f}}(x,0) = 0 \tag{1.17}$$

1.2.2.2　隙宽分布均匀裂隙

关于裂隙中溶质运移问题的研究和裂隙水流问题的研究密切相关，早期溶质运移方面的研究也是建立在理想裂隙模型之上，假设其平直光滑且隙宽处处相等，在同一断面上浓度相等，忽略横向弥散和扩散，同时裂隙壁对溶质的吸附和化学反应作用以及溶质在岩体基质骨架中的运移也不予考虑。20世纪 50 年代，Taylor[100] 和 Aris[101] 提出的 Taylor - Aris 扩散理论开始被广泛运用[102]，该理论与以往理论的不同之处在于它不仅考虑了平行板间层流水流速造成的机械扩散，也同时考虑了溶质在水中的自由弥散效应。事实上，不仅在光滑平行板模型中，即使在某些粗糙裂隙中也同样可以局部存在抛物线

状的速度剖面，虽然有时该速度剖面会迎合裂隙形状的改变而有所变形，在这种情况下，Taylor - Aris 理论仍然适用[98]，它比简单的平行板模型更能接近实际情况。在溶质运移起始阶段，Taylor - Aris 扩散时间相对较短，经过一段时间溶质开始穿透。对于非反应性溶质来说，这段临界时间的长度和横向弥散的特征时间成相应比例，而横向弥散的特征时间和裂隙的隙宽及溶质分子弥散系数相关。对于反应性溶质来说，穿透所需时间要稍长些[103]，通常需要用一阻滞系数来进行修正。

Berkowitz 和 Zhou[104]研究了平行板裂隙中水流特点，提出如下公式

$$D_{L} = D_{m} + \frac{2}{105} \frac{u^{2}b^{2}}{D_{m}} \tag{1.18}$$

其中分子弥散系数 D_{m} 可以由 Stokes - Einstein 方程得到

$$D_{m} = \frac{k_{B}T}{6\pi v r_{P}} \tag{1.19}$$

式中　k_{B}——Boltzmann 常数，取 1.38×10^{-23}；

　　　T——绝对温度；

　　　v——液体的运动黏滞系数；

　　　r_{P}——溶质分子半径。

从式（1.18）可以看出，溶质水动力弥散系数和 $u^{2}b^{2}$ 成比例，考虑到立方定律中 u 和 b^{2} 成正比，因此此公式中 D_{L} 对隙宽变化十分敏感，因为其和隙宽的六次方成正比。

较早的研究者运用光滑玻璃板或有机玻璃板组成的裂隙模型进行了一系列的溶质运移实验[59,105,106]，并且将结果与粗糙裂隙的实验结果进行了对比，发现在粗糙裂隙中溶质运移速度反而比光滑裂隙中更快，由此得出结论：裂隙中的粗糙颗粒不仅没有阻碍溶质在其中的运移，反而是对其起了加速作用。然而文献[59]中是用在有机玻璃板上粘贴砂粒的方法获得粗糙裂隙，而文献[105,106]的作者是用玻璃板和一经过酸液腐蚀的锌板组成粗糙裂隙，其共同之处就是隙宽分布均匀，和天然裂隙相比仍过于简单，作者并没有在天然裂隙或变隙宽裂隙中进行进一步实验来支撑其结论。

1.2.2.3　隙宽不均匀裂隙

在隙宽不均匀裂隙中，由于隙宽的不均匀性造成内部流场速度不均匀，通常会形成沟槽流，从而对溶质扩散产生影响。Moreno 等[55]、Gutfraind 等[107]和 Detwiler 等[108]通过数值模拟对这种由于裂隙形态对内部溶质运移的影响作出了评价。由于裂隙流场中的速度差异对溶质运移产生的影响在某些情况下十分明显，特别是当内部沟槽流相对比较独立的话，所得到的穿透曲线会出现多峰值或阶梯形状，而且扩散速度也将加快[55,109-112]。如果裂隙内部

具有混合区域，不同沟槽流在该区域内能充分混合，这时沟槽流对溶质运移的影响可以忽略。Ewing 和 Jaynes[113]指出，裂隙尺寸大小和隙宽的比值与水动力扩散之间存在如下关系：随着比值增大，水动力扩散减弱，这时隙宽变化对水动力扩散的阻滞作用也就越明显。综上所述，天然裂隙中的溶质运移不能仅仅考虑 Taylor-Aris 扩散，裂隙粗糙度和隙宽变化都是影响溶质运移的重要因素，通常这三种影响因素之间相互独立，其对溶质运移的作用可以进行累加[97]。

针对变隙宽裂隙的复杂性和随机性，研究人员提出了相应的随机模型。Gelhar[114]提出的随机模型可以对变隙宽裂隙进行等效均匀扩散的近似模拟，其用于表征裂隙中溶质扩散的纵向扩散表达式如下

$$\alpha_s = [3 + G(\sigma_\beta)]\sigma_\beta^2 \lambda_\beta \tag{1.20}$$

$$G(\sigma_\beta) = 1 + 0.205\sigma_\beta^2 + 0.16\sigma_\beta^4 + 0.045\sigma_\beta^6 + 0.115\sigma_\beta^8 \tag{1.21}$$

式中　λ_β 和 σ_β——隙宽对数 $\ln b$ 的相关长度和标准差，且 $0 < \sigma_\beta < \sqrt{5}$。

该随机模型适合模拟较远距离（如相关长度 10 倍以上）处的扩散情况。由于真实裂隙中的一些不确定因素及沟槽流效应的存在，利用该模型计算所得结果一般和实验数据有所差异[108]。

1.2.2.4　尺度问题

由于经典溶质运移问题的研究是建立在费克定律之上的，而实际情况往往并非如此。有证据表明，随着运移距离的增加，扩散系数也会随之变化[115,116]，这是因为溶质浓度在天然裂隙中的分布是十分复杂的，这种复杂性表现在穿透曲线上，往往就是复杂的多峰值现象和拖尾现象。Molz 等[117]提出对天然裂隙进行十分精细的刻画描述以研究其尺度效应，然而由于天然裂隙的边界形态过于复杂，计算量十分庞大而无法实现，相反，宏观的方法更具有应用价值。一些学者提出将扩散系数作为运移距离或平均运移时间的函数，于是对流扩散方程改写成如下形式

$$\frac{\partial C_f}{\partial t} = \frac{\partial}{\partial x}\left(D_L \frac{\partial C_f}{\partial x}\right) - u\frac{\partial C_f}{\partial x} \tag{1.22}$$

Pickens 和 Grisak[118]提出以下几种模型来表示扩散系数的尺度效应

线性模型：$\qquad\qquad\qquad \alpha_L = \omega x$

幂律模型：$\qquad\qquad\qquad \alpha_L = \omega x^\xi$

渐近模型：$\qquad\qquad\qquad \alpha_L = \psi\left(1 - \dfrac{\eta}{x + \eta}\right)$

指数模型：$\qquad\qquad\qquad \alpha_L = \phi[1 - \exp(-\kappa x)]$

式中　ω、ξ 和 κ——常数；

　　　　ψ——渐近变化的弥散度；

η——当弥散度为渐近值 $1/2$ 时的运移距离；

ϕ——指数模型中的最大弥散度。

Neuman[116,119] 运用幂律模型对 131 个弥散值进行了拟合。这些溶质运移实验尺度主要集中在 $1\sim1000$m 范围之内，包含多孔介质和裂隙介质，它们基本上都遵从同一个幂律模型：$\alpha_L = 0.017x^{1.5}$，拟合相关系数达到 0.75。Neuman 认为该尺度效应是由水力传导系数分布场的分形特征引起的。

已经有众多学者对溶质运移的尺度效应进行了研究，一般认为随着尺度的增加，扩散系数也会随之增加，然而最新的研究结果表明[120]，事实并非完全如此。Haggerty 等[121] 在研究了前人所做的 316 个裂隙和多孔介质溶质运移实验数据后得出这样的一个结论：扩散系数并不一定随着时空尺度的增加而增加，很多时候是出现相反的情况，即随着时间和空间尺度的增加而减小。

1.2.2.5 骨架扩散

起初有关骨架扩散问题并没有被人们所重视，这是因为裂隙介质较多孔介质具有一些特殊性，一般基质骨架并不是裂隙介质中水流的主要通道，特别是在一些质地致密的岩体中，都是当作不透水结构来处理。1975 年，Foster[122] 在解释英国某地区饱和白垩岩层地下水中所存在的低浓度氚时，提出基质骨架中的运移是造成该结果的原因。接着，更多学者开始关注基质骨架中的溶质运移现象[123-125]。甚至很多学者认为在岩体基质孔隙度较大的情况下，其中的溶质运移甚至能起主导作用[126]。骨架中的溶质运移和扩散对溶质的迁移主要起到延长运移时间和降低峰值浓度的作用。Grisak 和 Pickens[123,124,127] 用有裂隙的柱状石英质冰碛物样品进行了实验，研究基质骨架中的溶质运移。将含有 Cl^-（非活性）和 Ca^{2+}（活性）的溶液送入输入装置，通过裂隙后在输出口处取样分析，发现随着时间的增长，溶质浓度的增加速度明显变缓，说明溶质在裂隙中运动时受到骨架扩散的影响而延迟；而且在相同的时刻，Ca^{2+} 的浓度比 Cl^- 的浓度大，这是由于 Ca^{2+} 与骨架发生吸附而更容易进入骨架，但其有效扩散系数小，即扩散范围小，因而 Ca^{2+} 的锋面通过样品比 Cl^- 快。这个实验表明了活性和非活性溶质受到了骨架扩散作用的影响，但是以前很多实验都没有在"非扰动"岩石中进行过，这就不能排除取样时因压力释放而不可避免地产生次生裂隙的可能。Sudicky 和 Frind[128] 经过分析认为，考虑或忽略骨架中的运移对整个系统中溶质运移所需时间的影响相当显著，通常可以相差一个数量级，即使对于质地致密的岩石，其影响同样明显。例如，对于孔隙度 1%、长度 100m 的基质骨架中的溶质运移可以将系统溶质运移时间延缓半个数量级，将浓度峰值降低一个数量级[129]。即使在小尺度实验中，骨架中的运移也会导致穿透曲线的拖尾现象，这和沟槽流的结果类似。为了弄清楚穿透曲线中的拖尾现象到底是由沟槽流还是骨架中溶质运移所引起，研究者们提出了多溶质运移实验，利用不同溶质的分子大小不一对骨架溶质运移的影响，从而区分拖尾现象产生的原因。

一般条件下，骨架中的溶质运移都被当作一维情况来处理，且符合 Fick 第二定律，这是因为在平行于裂隙面的方向上的溶质交换相对于垂直方向的溶质交换可以忽略不计，其一维方程如下

$$\frac{\partial c}{\partial t} = D_a \frac{\partial^2 c}{\partial z^2} \tag{1.23}$$

式中　D_a——垂直裂隙方向的骨架中的扩散系数，为一常数，其大小取决于溶质本身的性质和尺度大小。

式（1.23）通常写成

$$\theta_m \frac{\partial c_m}{\partial t} = \frac{\partial}{\partial z}\left(D_e \frac{\partial c_m}{\partial z}\right) \tag{1.24}$$

$$D_e = \theta_t D_p = F_f D_m$$

式中　θ_m——骨架孔隙度，其为运移孔隙度 θ_t 和储水孔隙度之和；

　　　c_m——骨架中溶质浓度；

　　　D_e——有效扩散系数；

　　　F_f——地层因子：$F_f = \theta_m^{1.5 \pm 0.002}$[130]；

　　　D_p——孔隙扩散系数，$D_p = \frac{\delta_D}{\tau^2} D_m$[98]，其中 δ_D 为孔隙骨架压缩系数，τ

　　　为孔隙曲折系数。

Kennedy 和 Lennox[131] 认为在黏性土裂隙隙宽小于 $20\mu m$，水流速度小于 $1m/d$ 的情况下，平行于裂隙面方向的溶质运移不能忽略。

影响骨架溶质运移的因素很多，但主要是通过影响骨架孔隙特性来对溶质运移产生作用，如孔隙连通率、孔隙度、孔隙间连通曲折率、骨架的压缩性等，而这些主要取决于岩石本身的结构特征和矿物特征。自然界中的裂隙面上的沉积层对骨架中溶质运移影响十分有限，而水流和裂隙基质的接触面积对其中的溶质运移具有十分重要的影响。由于裂隙中沟槽流的存在，裂隙中的溶质弥散主要有三种表现形式：①沟槽流和基质骨架之间的弥散；②沟槽流和滞止区域水流之间的弥散；③滞止区域水流和基质骨架间的弥散。一系列的实验敏感性分析表明，滞止区域水流和基质骨架间的溶质弥散并不能忽略[132]。

关于基质骨架中的溶质运移目前仍存在一些争论。例如，在火成岩和变质岩中主裂隙临近区域，由于微小裂隙的发育，孔隙度通常为 $1\%\sim7\%$，但在远离主裂隙的完整区域，其孔隙度可以低于 0.5%[133]，如图 1.7 所示。因此，研究究竟是整个岩体基质骨架，还是仅仅是微裂隙较发育的临近主裂隙

的一小部分区域参与了溶质运移，成了一些学者研究的目标。Heath 等[134]通过花岗岩裂隙的实验表明基质骨架中的溶质运移主要集中于靠近主裂隙 3～10cm 的区域，Mazurek 等[135]也得出类似结果。

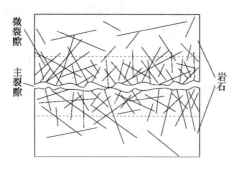

图 1.7　天然裂隙附近微裂隙发育情况

1.2.2.6　关于溶质吸附反应

在一些溶质运移实验中，会出现强烈的吸附反应作用，这对实验结果产生巨大影响，这些作用主要包括三个方面[97]：①静电吸附作用，主要是带负电荷的裂隙表面和溶质中的阳离子相互吸引的结果；②裂隙表面和溶质分子之间的范德华力作用；③化学反应，裂隙岩体中的矿物成分和溶质之间的化学作用。

裂隙溶质运移实验中，除了溶解/沉淀反应外，大多数都是可逆瞬时吸附反应，其在溶质运移过程中起延缓和阻滞作用。在流速较高的情况下，基质骨架中的溶质扩散相对较慢，因此吸附反应主要发生在裂隙面表面。而对于中等或低流速情况，基质骨架对溶质的吸附作用更加明显。Wels 和 Smith[136]根据裂隙中的表面吸附因子 R 建立了延迟模型，表面吸附因子为

$$R = 1 + \frac{2}{b} K_{a}$$

式中　　K_{a}——表面分布系数；

b——隙宽。

表面吸附具有以下两个特点：

（1）各向异性。其含义为发生吸附处空间上的各向异性或吸附力的各向异性。K_{a} 表示吸附力的大小，为各向异性值，这是由于裂隙介质具有各向异性的结果。

（2）非线性吸附行为。表面吸附虽然很大程度上取决于 b 和 K_{a}，但隙宽同样影响水流速度。水流速度与局部延迟之间的非线性耦合说明表面吸附行为也是非线性的。

Vandergraaf 等[137]利用采石场得到的包含一条天然单裂隙的花岗岩进行了溶质运移实验，实验所用溶质为几种吸附能力不同的放射性物质，裂隙水流为稳定流。将溶质注入水流，在出水口测量溶质浓度，直到仪器检测不到浓度，然后保持裂隙水流一个月，之后打开裂隙，扫描两个裂隙面，得到溶质在其表面吸附的空间分布情况。结果表明，不同溶质的吸附强度和岩石中矿物成分有关，某种矿物成分可能对某一类溶质特别敏感，可以产生强烈的

吸附作用，而对另一类溶质的吸附却很弱。Ohlsson 和 Neretnieks[138]、Carbol 和 Engkvist[139]在其为瑞典核废料处理公司编写的报告中提供了一些常见溶质和岩石之间的吸附数据，这些报告均可在互联网上免费下载。

1.3 已有研究基础和主要内容

作者所在研究小组长期从事裂隙介质中水流及溶质运移相关问题的研究，取得了一些成果。王锦国[9]开发研制了岩体裂隙溶质、热量运移实验装置，建立了分形裂隙中溶质运移模型以及区域尺度溶质运移的黑箱模型，提出了求解溶质运移对流扩散方程的特征有限分析格式。唐红侠[140]以已有的水力劈裂理论为基础，以原位水力劈裂实验结果为依据，以峡谷区天然条件下的裂隙为对象，用构造地质学、岩石力学、地下水动力学及线弹性断裂力学的理论及方法来研究水力劈裂过程中裂隙的发生、发展过程，以及在该过程中裂隙的渗透性规律，并给出了水力劈裂过程的机理分析。黄勇[2]基于裂隙几何要素的统计特征，应用 Monte-Carlo 方法随机生成裂隙网络系统，建立了裂隙网络中水流运动的数学模型，并推导了数学模型的数值解法；根据研究的实际问题进行了裂隙介质非均质各向异性的全耦合；提出了一种裂隙岩体模型参数识别的混沌遗传混合优化方法；应用改进的随机步行法和仿真模拟技术来模拟裂隙网络中的溶质运移。吴蓉[56]从试验和模型等方面研究了裂隙介质中溶质运移的时空分布规律，通过对溶质运移模型的模拟进行了参数求解，并分析溶质运移模型参数的影响因素，借助数值模拟方法分析了热量运移对浓度场分布的影响。

第 2 章

溶质运移实验中示踪剂的
性质对比及选择

2.1　概述

　　染色剂在地下水运动调查中具有重要地位，有记载的示踪实验可以追溯到公元 1 世纪。最近一个多世纪以来，一直被用来指示地下水流动以及溶质运移[141]。不同的有色示踪剂在实际应用中有着不同的作用。"示踪实验失败的原因主要就是示踪剂选择错误、示踪剂浓度过低以及对水力系统的认识不足"[142]。示踪剂按照其溶解性可以分成可溶性和不可溶性两种。常用的不可溶性示踪剂有木屑、悬浮性植物种子、真菌类及各种细菌；可溶性示踪剂包括各种染色剂、放射性同位素、无机盐等。由于可溶性示踪剂具有一系列诸如低浓度可检性、易采样等优点而获得更为广泛的使用[143]。溶质运移实验中使用的示踪剂必须具备以下两个基本条件：良好的移动性和可视性或易检性。例如亚甲基蓝，虽然在土壤中的颜色很明显，但由于其能被土体颗粒强烈吸附，使其移动性受到限制，所以不能用来指示水体的运动。而可视性或易检性则表现在其低浓度的敏感性，即能被准确检测的最低浓度，例如荧光钠的敏感浓度可以低至 $1/(2\times10^9)$（体积浓度）。一些传统的示踪剂如 Cl^- 或 Br^-，虽然其移动性良好，而且不易被土壤颗粒吸附，但其无法显示土壤中的水流路径。从 20 世纪 60 年代开始，荧光素类示踪剂被广泛运用于地表和地下水的示踪实验，但是其在多孔介质中的运用效果不如在水体中的效果[144,145]。Corey[146]通过对比各种示踪剂的特性指出，酸性示踪剂最适合用于示踪实验。在某些实验中还要求示踪剂无毒，不能对环境造成伤害，因此需要找到一种兼顾移动性、可视性和环保的示踪剂。目前使用较多的示踪剂就是高锰酸钾和食品级染色剂亮蓝，其中高锰酸钾作为示踪剂的历史较长，而亮蓝仅仅是 20 世纪 90 年代才逐步推广开来的有色示踪剂，价格较高，在国内溶质运移实验中使用并不多，但由于其良好的性能，在国外同类实验中的使用已经相当广泛。虽然染色示踪剂的使用已经有一段历史，但很多染色剂的性质仍不为研究者所熟悉，了解示踪剂的性质对溶质运移实验起着至关重要的作用。

在做溶质运移的砂柱实验中要定量分析运移过程就要知道砂柱的不同位置和不同时间的溶质浓度，现行的方法主要是在砂柱中取样后进行溶质浓度的测定，这样会对砂柱中原有的流场和砂柱结构造成扰动，而且需要花费大量的人力和时间。染色示踪剂的颜色的变化直接反映了溶质的浓度变化，利用染色示踪剂的这个特性可以用来判断所分析区域的溶质浓度。近年来，随着技术的发展，彩色图像的识别已经成为一个热门课题，由于图像的直观性和易采集性，越来越多的研究者将其作为研究的一种辅助手段。Schincariol等[147]在一个盛满玻璃珠的水箱中采集了图片并以此判断了其中显色示踪剂的浓度，Aeby等[148]利用扫描仪和红外胶片成像分析了食品级染色剂亮蓝在砂柱中浓度和颜色的关系，Ewing 和 Horton[149]的实验也表明可以通过显色溶质的颜色来判断溶液的浓度。随着数字成像技术的普及和应用，Magnus Persson[150]用数码相机成像得到无压缩的 RAW 图像并加以处理分析，得出三种含泥量不同的砂土中溶质浓度和图像颜色的关系，但是其对相机及拍摄的要求较高。本章主要利用数码相机来采集样品的 JPEG 数字图像，并用高斯模板技术（Gaussian template）进行平滑处理，去除或减轻背景噪声的不良影响，分析得到砂层中高锰酸钾浓度和数字图像三原色（RGB）之间的关系；通过实验确定示踪剂的吸附类型，并采集吸附了染色剂的砂粒表面数字图像的 RGB 值来分析对比砂柱实验中两种染色剂的吸附性和适用情况。

2.2　有色示踪剂在溶质运移实验中的数字图像识别和处理

2.2.1　数字图像基本概念

2.2.1.1　RGB 色彩空间

在 RGB 色彩空间中各种颜色都是由三原色（Red，Green，Blue）以不同强度（0~255）的混合得到。例如，R＝G＝B＝255 时就显示为白色，R＝G＝B＝0 时显示为黑色，其他颜色也可以类似的以不同 RGB 组合得到。RGB色彩空间是数码相机中最常用的色彩表示途径之一。

2.2.1.2　色温

假定某一纯黑物体，能够将落在其上的所有热量吸收而没有损失，同时又能够将热量生成的能量全部以"光"的形式释放出来的话，它便会因受到热力的高低而变成不同的颜色。当黑体受到的热力使它能够放出光谱中的全部可见光波时，它就变成白色。色温的单位是开尔文（K）。

2.2.1.3　白平衡调节

物体颜色会因投射光线颜色产生改变，在不同光线的场合下拍摄出的照片会有不同的色温，如以钨丝灯（电灯泡）照明的环境拍出的照片可能偏黄。一般来说，CCD 或 CMOS 没有办法像人眼一样自动修正光线的改变，所以需要进行白平衡的校正，以便拍出的数字照片能正确反映被摄物体的原始颜色。

2.2.1.4　噪点

数码相机的噪点（Noise）也称为噪声，主要是指 CCD 或 CMOS 将光线作为接收信号接收并输出的过程中所产生的图像中的粗糙部分，也指图像中不该出现的外来像素。

2.2.2　实验材料和方法

本实验主要分两组：第一组是测定不同浓度的高锰酸钾溶液的 RGB 值，并进行曲线拟合；第二组是利用标准砂（GB 178—77，颗粒度 0.25～0.65，含泥量小于 0.2%）作为介质，用不同浓度的高锰酸钾溶液饱和之后的 RGB 值并拟合。之所以选用标准砂作为实验介质，除了颗粒均匀之外，它的含泥量低。Magnus Persson[150] 用含泥量不同的三种砂土做的实验表明，含泥量越低，显色溶质浓度和 RGB 值的相关程度越高。

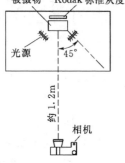

为保证图像颜色的稳定，实验在闭光的暗房中进行，光源恒定为两盏功率 11W 的日光型照明灯，色温约为 3800K，所用相机为 Minolta Z1（Konica Minolta camera，Inc. Osaka，Japan）。用三脚架将相机固定在离桌子约 1.2m 处并保持和桌面上被摄

图 2.1　实验布置俯视图

物高度基本一致，两盏日光灯置于被摄物两侧，距离被摄物约 25cm，并保持约 45°角照射被摄物，在被摄物体旁放置一张 Kodak 标准灰度卡以便进行图像的色温调节（图 2.1）。

2.2.3　实验步骤及前期分析

第一组实验中，将已经配好不同浓度的高锰酸钾溶液 500mL 逐一置于桌上拍照。由于对较小的 RGB 值得到的数字图像的噪点会相对增加，要克服这点可以使照片轻微过度曝光，所以在这里将相机的参数设为 f2.8、ISO50。对每组样品以快门 1/20s 和 1/25s 连拍两张，将所得 JPEG 格式照片导入计算机。由于外部光源色温的变化会导致采集的数字图像的色彩改变，为了保证数字图像色彩的准确性，需要对每一张照片进行色温调节。利用照片中的 Kodak 标准灰度卡作为整幅图像的平坦图像（Flat-field Image）[F(x, y)]，目前常用的校正方法主要有两种，一种是 Aeby 等提出的直接用平坦图像的 RGB 色彩空间来修正[151]。

$$I_F(x, y) = \frac{I(x, y)\overline{F}}{F(x, y)} \tag{2.1}$$

式中　$I(x, y)$——需要进行校正的图像；

$I_F(x,y)$——经过修正后的图像；

$\overline{F}$——平坦图像的平均值。

另外一种校正方法是 Forrer 提出的，先将图像从 RGB 色彩空间转化为 HSV（Hue，Saturation，Value）空间，然后保持 H 和 S 不变，只修正其中 V 的值[150]：

$$V_F(x,y) = \frac{V(x,y)\overline{FV}}{FV(x,y)} \tag{2.2}$$

式中 $V(x,y)$——需要进行校正的图像；

$V_F(x,y)$——经过修正后的图像；

$FV(x,y)$——平坦图像的 V 值；

$\overline{FV}$——平坦图像的平均 V 值。

校正之后再将图像从 HSV 转化为 RGB 空间。本书中所有的图像光源色温修正均采用第一种方法。溶液浓度从 0.25g/L 逐渐递减到 0.08g/L，颜色逐渐由紫黑色变成淡粉红色，经修正后的图像用在计算机里读出任意 5 点处的 R、G、B 值并取其平均值，作出浓度和 R、G、B 的散点图（图 2.2），从图中可以看出，R、G、B 三原色的值随浓度的增加而减小，并无限趋向于 0，经 3 次多项式曲线拟合，相关系数见表 2.1。

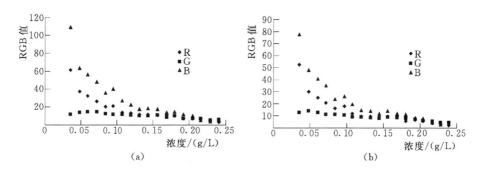

图 2.2 高锰酸钾溶液浓度及其 R、G、B 值散点图

（a）快门速度 1/20s；（b）快门速度 1/25s

表 2.1 曲线拟合的相关系数

快门速度/s	相关系数 R^2		
	R	G	B
1/20	0.9656	0.9006	0.9579
1/25	0.9530	0.9575	0.9708

从表 2.1 中可以看出，R、G、B 三种颜色的值和曲线的拟合程度都非常高。上述实验结果表明高锰酸钾溶液的浓度和其 R、G、B 值之间具有显著的

相关性。另外，从本组实验中也得出一些经验，由于光源的照射强度有限，用直径较大的烧杯盛放溶液将会导致透光度下降较快，从而对稍高浓度溶液的色彩辨别能力降低，限制了该方法的使用范围。所以第一组实验中浓度为 0.25g/L 的溶液颜色已经接近于黑色，如再加大浓度，R、G、B 值的变化将很小，得出的曲线也将过于平缓并无限趋向于 0。基于以上结论，进行了第二组实验。

第二组实验中，将要测定用高锰酸钾溶液染色后的标准砂（GB 178—77）颜色和高锰酸钾溶液浓度之间的关系。本实验在容器选择中不再选择直径相对较大的烧杯，而改用一个长 10cm、宽 1.5cm、高 3cm 的长条形透明有机玻璃容器。先在容器里均匀地铺上一层厚约 1.5cm 的砂层，注入溶液时将容器稍微倾斜，将溶液从稍高那头缓慢注入以便充分排出砂层中的空气，使砂和溶液充分混合，待砂层饱和后，将容器置于桌面进行拍摄。

"每个像素点的颜色不仅仅取决于溶液的浓度，同时也取决于砂子的表面特征。即使相同浓度的溶液在不同的背景下所表现出的颜色也不一样。孔隙度、砂子质地等都是影响该背景的因素，需要用数字手段将其滤去"[148]。也就是说取像素点的 R、G、B 值时，有可能该取样点落在砂粒面上，也有可能该点落在砂粒之间的孔隙中，这就会导致像素点 R、G、B 取值时发生数据大幅度跳动，所以要用图像处理的办法将这种不良影响降低。

2.2.4　数字图像的平滑处理

要减轻背景噪声，可以使用图像平滑的手段实现，该方法的主要原理是将图像低通滤波，将信号的低频部分通过，而阻截高频的噪声信号。本书选用高斯模板（Gaussian template）对数字图像进行平滑处理。高斯滤波采用高斯函数 $G(x,y)=e^{-\frac{x^2+y^2}{2\sigma^2}}$ 作为加权函数，其优点是：二维高斯函数具有旋转对称性，保证滤波时各方向平滑程度相同，同时离中心点越远权值越小，确保边缘细节不被模糊[152]。利用 MATLAB 软件编程对图像进行计算修正，处理前后的图像对比如图 2.3 所示。表 2.2 中列出了图像处理前后，任意三点 R、G、B 三原色的值。从表中可以看出，图像在用高斯模板处理前第一点和第三点中的 R 值和 B 值发生很大的跳跃，R 值从 77 跳跃到 69，B 值从 63 跳跃到

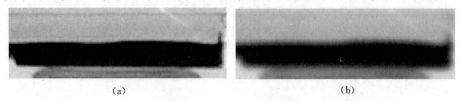

(a)　　　　　　　　　　　　　　　(b)

图 2.3　图像用高斯模板处理前后平滑度的对比（经适当放大）

(a) 处理前色彩不均匀，噪点明显；(b) 处理后图像色彩过渡平滑

53，这会导致图像数据采集时偶然误差加大，降低了数据的可信度。经处理后图像像素点之间颜色过度平滑，任意三点的RGB值相差不大，明显降低了砂粒不均匀表面特征带来的影响。

表 2.2　　　　　图像处理前后任意三点的 RGB 值的比较

	处理前任意三点				处理后任意三点			
	1	2	3	平均值	1	2	3	平均值
R	77	74	69	73.33	75	73	73	73.67
G	25	24	24	24.33	25	26	25	25.33
B	63	62	53	59.33	62	60	63	61.67

2.2.5　实验数据的处理及分析

对每一组样品取任意 5 点的平均值，作出和浓度的散点图（图2.4），用三次多项式进行曲线拟合，得到浓度和 R、G、B 三原色值之间的关系式，拟合的相关系数见表2.3，可见所得的关系式具有相当高的准确度。

本节通过两组实验分别验证了高锰酸钾溶液浓度和其数字图像 R、G、B 值之间的关系，以及用高锰酸钾溶液染色后的标准砂层的数字图像 R、G、B 值和高锰酸钾溶液浓度之间的关系。

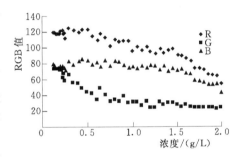

图 2.4　用高锰酸钾染色后砂层图像
R、G、B 值与溶液浓度散点图

表 2.3　　　　　曲线拟合的相关系数

快门速度/s	相关系数 R^2		
	R	G	B
1/30	0.9537	0.973	0.885

利用数字图像处理技术中的高斯模板技术对砂层数字图像进行了平滑处理，有效降低了砂层表面不均匀性对图像 R、G、B 取值的不良影响。

本次实验中也发现一些问题，如实验中光源对试样表面照射需十分均匀，这是本次实验中较难把握的，需用 Kodak 标准灰度卡进行多次校正。此外，长时间实验时需考虑砂粒对高锰酸钾溶液的吸附作用。

从实验的结果来看，完全可以用其数字图像 R、G、B 值和所得到的关系式来求得高锰酸钾溶液的浓度，并具有较高的可靠性，这为以后的显色溶质在砂柱中的运移实验提供了一种简单方便的测量手段。

2.3　有色示踪剂高锰酸钾和亮蓝的适用性对比

2.3.1　高锰酸钾和亮蓝的基本性质

高锰酸钾是一种常见的化学品（$KMnO_4$，分子量为 158.04），具有强氧化性和腐蚀性，应避免直接和人体进行接触。其经常被用作消毒杀菌剂，也可用于水厂的水净化，但是对其浓度有严格要求，过高的浓度都会对环境产生污染，因此在用作示踪剂时应充分考虑所用浓度是否合适。虽然高锰酸钾被用作示踪剂已有一段历史，然而对其作为示踪剂的吸附性、稳定性方面的特性的了解仍较为模糊。

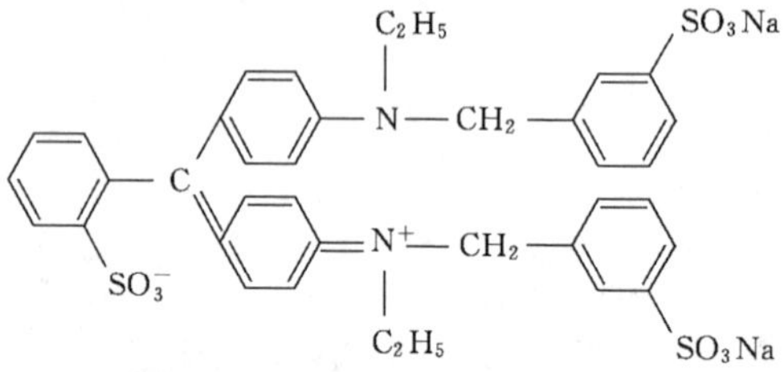

图 2.5　亮蓝 FCF 分子结构图

亮蓝（$C_{37}H_{34}N_2Na_2O_9 - S_3$，分子量为 792.85）是 20 世纪 90 年代中期开始被用作示踪剂的一种新型弱酸性有机染色剂，亮蓝的分子结构如图 2.5 所示。其最初是作为食品染色剂问世的，因此对其毒理性、稳定性、对环境的影响方面的研究都有大量的实验资料[153]。然而作为一种示踪剂，由于使用历史较短，对其吸附性方面的研究仍然较少。2006 年 Mon 等[154]通过实验证明，和其他三芳基甲烷类染色剂相比，亮蓝的吸附强度更小，非常适用于各种水力学实验。

2.3.2　实验材料和方法

本实验中所用的介质为标准砂（颗粒度 0.25～0.65，含泥量小于 0.2%）[155]，有色示踪剂为分析纯高锰酸钾和食品级染色剂亮蓝。实验主要分两大部分：一是通过实验确定示踪剂的吸附类型属于线性吸附还是非线性吸附，所用的仪器为哈纳钾离子测量仪 HI93750（Hanna Instruments，Italy），此仪器利用四苯硼酸浊度法，使溶液中的钾离子和反应试剂产生浊度从而测出钾离子的浓度，其测量范围为 0.00～50.0mg/L，测量所用波长为 470nm，标准 EMC 偏差为 0.01mg/L；二是利用数码相机监视不同时刻砂粒表面颜色的 RGB 值的变化，通过这些 RGB 值的变化来分析溶质被砂粒吸附的过程。

本实验在闭光的暗房中进行，布置基本和图 2.1 一致，光源恒定为两盏功率 11W 的日光灯，色温约为 3800K，所用相机为 Minolta Z1（Konica Minolta camera，Inc. Osaka，Japan）。用三脚架将相机固定在离桌子约 1.2m 处并保持和桌面上被摄物高度基本一致，两盏日光灯置于被摄物两侧，距离被摄物约 25cm，并保持 45°角照射被摄物，在被摄物体旁放置一张 Kodak 标准灰度卡以便进行图像的色温调节。实验后期的图像均采用上一节中所提到的高斯模板技术进行平滑处理后进行随机采样。

2.3.2.1　实验一

用 4 种不同浓度的高锰酸钾溶液浸泡标准砂 600h 以上，浸泡期间每隔 12h 搅拌一次，容器用塑料薄膜封口防止水分蒸发，由于光照会加速高锰酸钾的降解，虽然此作用十分缓慢，但在整个实验过程中都将溶液置于避光的暗室中。用移液管取出一定体积（V_s）的溶液样品，用哈纳离子测量仪测出溶液的残余浓度 ρ_l。需要注意的是，该仪器是通过检测浊度的方法来测量离子浓度，待检液中任何颜色或沉淀物都会影响其正常工作，因此只能测量无色透明液体中的钾离子浓度 ρ_k，所以测量前必须先将溶液样品进行化学处理，使之成为无色透明液体的同时又不增加或减少其中的钾离子数量。具体处理方法如下：在高锰酸钾溶液中加入少量稀硫酸后，再逐滴加入过氧化氢即可，用量筒量出此时溶液的体积 V_s'，残余浓度 $\rho_l = \rho_k \times V_s'/V_s$。另取少量砂样，用滤纸充分滤去孔隙中的高锰酸钾溶液，在阴凉处晾干称出其质量 $m_{砂}$。在量筒内加入约 20ml 的稀硫酸，将干燥的砂样倒入，可得到砂样的体积 $V_{砂}$ 和溶液体积 $V_{溶液}$，继续加入过氧化氢并搅拌，使砂子充分变色，测出此刻的钾离子浓度 ρ_k，于是可求出单位质量的砂样中高锰酸钾的含量：$\rho_a = \left(\rho_k V_{溶液} \times \dfrac{158}{39.1}\right)/m_{砂}$。从图 2.6（a）中可以看出高锰酸钾溶液的残余浓度和单位质量的砂样中高锰酸钾的含量成良好的线性关系，另外根据 Flury 对 Les evouettes、Vetroz 和 Lakeland 的三种土壤的吸附实验（1995），亮蓝的吸附也属于线性等温吸附[156]，如图 2.6（b）所示。

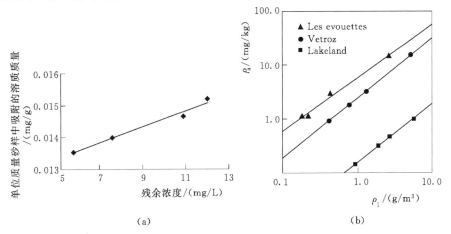

（a）　　　　　　　　　　　　　　　（b）

图 2.6　两种溶质被吸附的情况

（a）高锰酸钾吸附情况；（b）亮蓝吸附情况[156]

$$S = K_d \rho_l$$

式中 K_d——经验分布系数。

2.3.2.2 实验二

（1）静水吸附实验。用已经配好不同浓度的高锰酸钾溶液和亮蓝溶液分别浸泡标准砂，并用玻璃棒进行搅拌，使之充分饱和，每隔一段时间取出少量的标准砂，用滤纸尽量除去残余溶液后，将砂子放入一透明有机玻璃容器，置于桌上拍照，取样后立即用塑料薄膜将容器口密封。图 2.7 表示用 1.0g/L 的高锰酸钾溶液浸泡 24h、96h 和 408h 的照片，图 2.8 为用 1.0g/L 的亮蓝溶液浸泡 12h、24h 和 96h 的照片，下方为对应的经高斯模板平滑处理后的效果图。

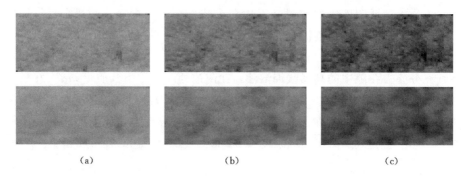

(a)　　　　　　　　(b)　　　　　　　　(c)

图 2.7　用 1.0g/L 的高锰酸钾溶液浸泡 24h、96h 和 408h 的照片及其平滑效果图
(a) 24h；(b) 96h；(c) 408h

(a)　　　　　　　　(b)　　　　　　　　(c)

图 2.8　用 1.0g/L 的亮蓝溶液浸泡 12h、24h 和 96h 的照片及其平滑效果图
(a) 12h；(b) 24h；(c) 96h

（2）动水吸附实验。实验示意图如图 2.9 所示，蠕动泵转速为 20r/min，流量为 0.596mL/s，所用高锰酸钾浓度为 0.25g/L，每隔一段时间进行取样，用滤纸吸除多余溶液，将其置于透明有机玻璃容器内进行拍照，其他步骤如静水实验。

亮蓝的动水吸附实验和高锰酸钾动水吸附实验基本一致，蠕动泵转速为 20r/min，流量为 0.596mL/s，所用亮蓝浓度为 1.0g/L。

（3）动水解吸附实验。所用实验装置如图 2.10 所示，其中的标准砂先用 0.25g/L 的高锰酸钾和 1.0g/L 的亮蓝溶液进行动水吸附，到达吸附平衡后开始注入清水，两次解吸附实验中，蠕动泵的转速均为 20r/min，流量为 0.596mL/s。

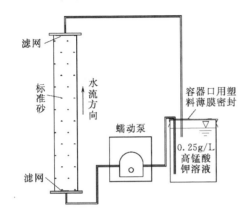 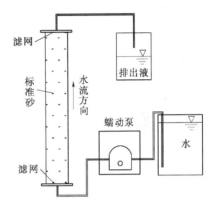

图 2.9　动水吸附实验布置示意图　　　图 2.10　动水解吸附实验装置图

2.3.3　实验结果及分析

将处理好的数字照片中的 RGB 色彩提取出来，作出 RGB 值与时间的散点图，为了方便起见，仅以 RGB 三原色中的 R 值为例来说明，高锰酸钾吸附情况如图 2.11 所示。观察可知以下内容：

（1）图 2.11（a）表示标准砂在静水条件下，在不同浓度高锰酸钾中浸泡后逐渐达到吸附平衡态散点图。从 3 条轨迹中可以看出，高锰酸钾浓度越高，到达吸附平衡所需的时间越短，吸附量越大。在 0.25g/L 高锰酸钾溶液中，约需 800h 才能达到吸附平衡，这 3 条轨迹中，吸附速度最快的为 1.0g/L 高锰酸钾，但仍需约 530h 以上。

（2）图 2.11（b）表示标准砂分别在动水和静水条件下，在 0.25g/L 高锰酸钾中的吸附情况。从图中可以看出，动水条件下能更快地到达吸附平衡态，这是因为在静水条件下，砂粒孔隙中的高锰酸钾分子主要是通过分子弥散来进行迁移，且由于孔隙路径十分曲折复杂，更延缓了分子弥散速度。动水条件下高锰酸钾分子则可由水流带动进行迁移，相对分子弥散速度要快得多，而分布于砂粒间的许多死端孔隙由于和外界的水力联系十分微弱，因此其中的吸附速度还是依赖分子弥散速度。

（3）图 2.11（c）表示标准砂在 0.25g/L 高锰酸钾中达到吸附平衡后，用清水进行解吸附过程的散点图，其轨迹基本上属于渐近线形式。吸附在砂粒表面的高锰酸钾逐渐被水流带出，从而导致表面颜色 R、G、B 值逐渐降低。湿润而干净的标准砂其表面颜色 R 值约为 200，但从图（c）中可以看出，在经过 300 多 h 的连续解吸附后，其表面 R 值并不是趋向于 200，而是趋向于一个比 200 更低的值，这表明，该吸附作用并不完全是可逆过程，其中一小部分高锰酸钾分子是永久性附着在砂粒表面，或者是其强氧化性对砂粒表面起了化学作用。

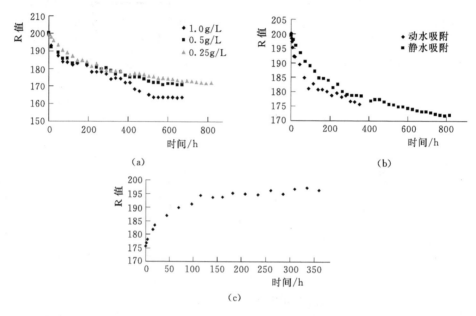

图 2.11　高锰酸钾吸附 R 值散点图
（a）经不同浓度高锰酸钾溶液浸泡后；（b）0.25g/L 高锰酸钾动水和静水条件下
吸附情况；（c）高锰酸钾解吸附情况

亮蓝的吸附情况如图 2.12 所示，图 2.12（a）表示 1.0g/L 和 2.0g/L 的亮蓝在静水条件下在标准砂表面的吸附情况。和高锰酸钾一样，在浓度较高的溶液中吸附速度相对较快，且吸附量更大。不管是 1.0g/L 还是 2.0g/L，经过约 50h 的浸泡，基本上达到吸附平衡状态，整个轨迹呈 L 形。图 2.12（b）表示标准砂在 1.0g/L 亮蓝溶液中，在静水和动水条件下的吸附情况对比，结果表明，在动水条件下能加速吸附速度和吸附量。图 2.12（c）表示标准砂在 1.0g/L 亮蓝溶液中达到吸附平衡后，用清水进行解吸附过程的散点图，其轨迹基本上属于 L 形，砂粒表面颜色 R 值趋向于小于 200 的某个数值，说明亮蓝在砂粒表面的吸附也有一小部分属于永久性吸附，为不可逆过程。

将图 2.11 和图 2.12 进行对比可以发现以下内容：

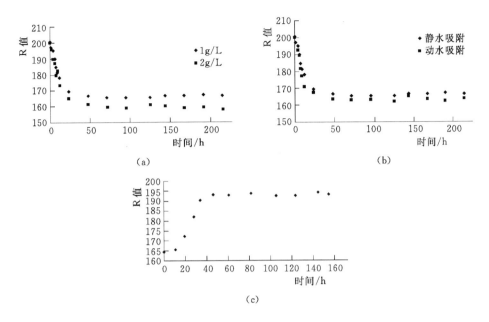

图 2.12　亮蓝吸附 R 值散点图
(a) 经不同浓度亮蓝溶液浸泡后；(b) 1.0g/L 亮蓝动水和静水条件下吸附情况；

(c) 亮蓝解吸附情况

(1) 两幅图中散点轨迹线的形态有着显著的差别，图 2.11 (a) 中轨迹线比较平缓，整个轨迹类似于淋滤曲线，轨迹线一直延伸到 600h 左右才开始趋于平缓；而图 2.12 (a) 中前面一段轨迹线相对要陡得多，而且基本是处于 0~48h 这个狭窄的区间内，整个轨迹线为 L 形，R 值从 48h 往后就基本上变动很小，表明用高锰酸钾做示踪剂需约 600h 才能达到吸附平衡状态，而用亮蓝只需 48h 就能达到吸附平衡状态，这说明砂粒对亮蓝的吸附速度要远远快于对高锰酸钾的吸附速度。示踪剂浓度越高，得出的散点轨迹线越陡，所处的位置也越靠下，这说明溶质运移实验中，介质对示踪剂的吸附能力（包括吸附的速率和吸附量）不仅取决于介质和示踪剂本身的性质，而且和示踪剂的浓度有着很大的关系，这个结果能为以后的溶质运移实验中如何减轻吸附干扰起到参考作用。

(2) 动水条件对高锰酸钾在砂粒表面的吸附作用的影响相对于亮蓝来说更为明显，动水条件下，高锰酸钾的吸附速度和吸附量明显增大，而对亮蓝来说，虽然东水条件也对其吸附速度和吸附量起了正面作用，但相对来说这个影响没有在高锰酸钾溶液中那么明显，这是因为亮蓝溶液在砂粒表面的吸附速度本来就已经较高，而且吸附量有限，从静水条件到动水条件的改变并不能对其产生比较大的影响。

（3）两者的解吸附过程散点图虽然都是类似于穿透曲线，但图 2.12（c）中轨迹顶端显然更为平直，说明亮蓝的解吸附速度同样要远高于高锰酸钾的吸附速度。两者的相同之处在于，其解吸附作用不完全，仍旧有少量的亮蓝或高锰酸钾会永久性地吸附于砂粒表面。

综上所述，平时被广泛使用的有色示踪剂高锰酸钾虽然价格低廉且能符合线性等温吸附的规律，但由于其达到吸附平衡时所需时间过长，尤其是在低速水流情况下该缺点更明显，即使在较低浓度（0.25g/L）和动水条件下，其吸附时间仍然接近 400h，因此在很多考虑吸附影响的运移实验中需耗费大量时间才能达到平衡，而亮蓝 FCF 则能迅速达到吸附平衡状态，在一定程度上能加速实验的进程，排除其除了价格较高的缺点后，是目前比较理想的实验用有色示踪剂。

第 3 章

人工单裂隙水流及溶质运移实验

3.1 概述

自从人们开始研究裂隙介质中水流及溶质运移问题以来，其相对应的室内物理实验模型也从早期的光滑平板模型逐渐发展到仿真度较高的人工裂隙，所用的材料也多种多样，有金属板、有机玻璃板、玻璃板、混凝土等。以上这些材料的属性和天然状况下存在的地下岩体的属性有着较大的区别，除了其内部化学成分和矿物成分的不同，也存在着物理性质的不同，这些都对用其物理模型进行的实验产生一定的影响。例如一些需要考虑裂隙内部化学反应的实验可能会因为模型的矿物组分的差别而导致实验偏差甚至失败；湿润角通常用来表示材料能被湿润的性能，天然岩体和其他人工材料加工成的裂隙的表面的湿润角不一样，对溶质的阻滞和吸附作用也不一样。天然石灰岩表面对水的湿润角远大于玻璃、有机玻璃板对水的湿润角，且其表面和内部存在许多十分微小的孔隙，因此水流在其表面的流动将受到更大的阻碍作用。

撇开人工材料不说，即使是天然条件下的裂隙也存在巨大的差别。这些差别来源于裂隙岩体本身的矿物组成和形成机理的不同。岩体矿物组成随着岩石的种类和产出地点而变化，而天然条件下岩石裂隙按力学性质分主要有张裂隙、剪裂隙和劈理。张裂隙是由于岩石受拉张应力破坏而形成的裂隙，一般隙宽较大，裂隙面比较粗糙；剪裂隙是岩石受到剪切破坏而产生的裂隙，和张裂隙相比，剪裂隙一般隙宽较小，裂隙面相对平整。

虽然利用天然岩石材料作为室内物理模型更能接近实际情况，然而和玻璃、有机玻璃等人工材料模型相比，其缺点也是显而易见的。由于天然岩石几乎都不透明，因此无法观察实验中裂隙内部水流情况。一些实验者在裂隙上安装测压管来测量裂隙内部不同部位的水头压力，但是这样不仅破坏了裂隙内部原有的流场，而且得到的数据也十分有限。而利用透明人工材料加工的裂隙，其最大优点就是能直观地反应裂隙内部流场情况，特别是溶质运移实验中，加入示踪剂的水流在裂隙内部的流动情况能更好地反映出来。本章通过实验对小尺度单裂隙中的水流和溶质运移进行了研究，在裂隙部分被液态非水相化合物（NAPL）堵塞后，内部流场的变化及对溶质运移结果的影响，并对比了裂隙材料差异对溶质运移造成的影响。

3.2　单裂隙水流及溶质运移实验

3.2.1　实验材料及步骤

本实验分两个主要部分：一是利用天然页岩人工裂隙；二是利用该裂隙的玻璃复制品，两者的尺寸均为 28cm×21cm。天然页岩人工裂隙的制作如图 1.6 所示，先将天然页岩切割成略大于 28cm×21cm 尺寸的薄板，并在两端切割一定深度的凹槽后放入压力机，缓慢进行施压，直到页岩薄板裂成两块。再将其四周切割打磨平整，如图 3.1 所示。

（a）　　　　　　　　　　　　　　　　（b）

图 3.1　天然页岩人工裂隙
（a）裂隙上下面合在一起；（b）裂隙上下面展开图

为了能直接观察裂隙内部水流情况，另外做了一套透明玻璃裂隙，主要制作过程如下：

（1）在天然页岩人工裂隙两块粗糙面上浇注石膏类物质，浇注时需进行搅拌以免内部留有气泡。

（2）待石膏硬化后将其剥离，这样就得到和页岩裂隙相反的一对裂隙面石膏铸模。

（3）将无色透明的玻璃在高温下融化，将其注入石膏模型中，得到天然页岩裂隙的玻璃复制品。

通常由于玻璃浇注不可避免地会在玻璃内部留下一些气泡，但绝不能让这些气泡在其表面产生，以免影响裂隙面的质量。透明玻璃裂隙如图 3.2 所示。将人工裂隙放入事先设计好的铝合金框架中，并将其安装在可以自由调节高度和倾斜度的支架之上，裂隙两条长边均用特富龙止水带和橡胶条密封，其他细小缝隙用 Devcon 玻璃-金属胶密封，如图 3.3 所示。为了使实验中在整个裂隙宽度范围内进水口处水头一致，设计了带空腔的进水口部件，并且空腔内部带有可调节的长条形阀门，可以封闭和开放裂隙进水端。在空腔底部开有两个进水口，可以防止蠕动泵在供水时在空腔内造成水头压力集中。裂隙出水口则有 5 个分支，并没有类似进水口那种带空腔的设计，在这些分支相应的位置都留有测压管接口，可以方便地安装外径 6mm 左右的硬质测压管，这样可以测量裂隙流场下游不同部位的水头高度，能更好地反应粗糙裂隙对内部水流流场的影响。

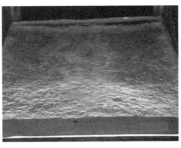

图 3.2　透明玻璃裂隙

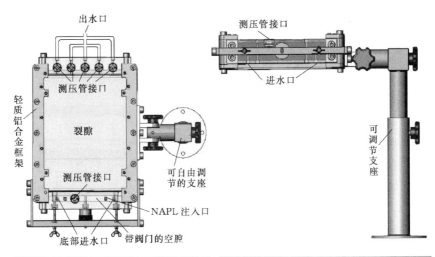

图 3.3　裂隙装配示意图及实物图

为了更接近实际情况，本实验全部使用裂隙岩层中的天然地下水和人工地下水，其中人工地下水的配方如图 3.1 所示。

表 3.1　　　　　　　　　　　　人工地下水配方表*

成分	NaCl	MgCl₂	MgSO₄	CaSO₄	K₂SO₄	NH₄NO₃	KH₂PO₄
重量/mg	4.091	6.665	17.254	6.126	3.485	1.601	1.361

* 每 1L 人工地下水中的成分，溶剂为蒸馏水，$MgCl_2$、$MgSO_4$ 为带结晶水的重量。

在裂隙水流实验中，按照装配图所示的方法安装完毕，打开蠕动泵和出水口阀门，调节蠕动泵到高转速以检查系统四周有无渗漏，如发现渗漏需调整铝合金框架相应位置的螺栓的松紧进行止水，直到系统无渗漏后方可进行实验。水流实验的主要步骤如下：

（1）关闭出水口和所有测压管接口，打开 NAPL 注入口，调整进水部件的螺栓以关闭长条形裂隙进水口，启动蠕动泵并调整到适当转速，缓慢排出进水部件空腔内的空气，如有气泡残留则松动万向支架螺丝并调整装置的位置，直到空气排尽为止。

（2）关闭 NAPL 注入口，暂停蠕动泵，调整万向支架，将裂隙垂直放置，进水端在下，出水端在上。打开出水口阀门和长条形裂隙阀门，启动蠕动泵，向裂隙内注水以排出空气，因裂隙面凹凸不平，在排除空气过程中需小心晃动裂隙装置和调整蠕动泵转速。对于不透明的岩石裂隙，需将裂隙注水饱和 24h 后再排气。

（3）关闭出水口阀门和蠕动泵，将裂隙装置调整为水平状态，安装测压管，打开蠕动泵和出水口阀门，在蠕动泵不同转速下测量出水口流量和测压管水头。每次调整转速后应等待 15~20min，让测压管水头稳定后进行测量。

（4）在透明裂隙中注入一定量的 NAPL 将裂隙部分淤堵后，再次进行水流实验。

需要注意的是，绝大部分 NAPL 化合物对人体有害，本次实验中使用的是甲苯，其具有强烈的致癌性，因此整个实验装置应放置在通风橱内进行隔离操作，实验排出液需收集后交由专门废水处理公司或部门进行处理。

裂隙溶质运移实验中使用 LGB 作为示踪剂，其性质和亮蓝基本一致。依旧使用分光光度计作为溶液浓度的检测仪器，LGB 的吸光峰值为 633nm，考虑到分光计的测量范围和透明裂隙溶质运移实验的可视性，溶质源采用约 40mg/L 的 LGB 溶液。前面实验步骤基本和水流实验一致，不同在于在溶质实验开始前需关闭长条形裂隙阀门，清空进水口部件空腔内的水，打开顶部 NAPL 注入口，启动蠕动泵将 LGB 溶液注满空腔并从 NAPL 注入口处取样，直到空腔内 LGB 溶液浓度达到 95％以上，暂停蠕动泵，关闭 NAPL 注入口阀门并打开测压管，然后迅速拧开长条形裂隙阀门，启动蠕动泵，并同时计时。实验前期采样间隔为2min，直到后期排出液浓度变化减小，将采样间隔扩大到4min和6min，对于透明裂隙系统，其布置如图3.4所示，实验前需打开裂隙底部照明灯箱并预热5min，同时每隔约30s拍照一次。在本实验中由于进水部件空腔内用于关闭和开启

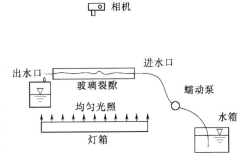

图3.4　透明裂隙溶质运移实验布置示意图

裂隙进水端的长条形阀门存在一些工艺问题，不能完全关闭裂隙，在裂隙左端和空腔之间存在一定程度的渗漏，致使实验尚未开始就有少量LGB溶质进入裂隙左下角区域，从而导致实验中裂隙左边部分的溶质运移快于应有速度。在用透明玻璃裂隙进行实验时，发现5个出水口小流量阀门（Swagelok B-SS2），由于设计问题容易发生堵塞，因此在进行页岩裂隙实验时进行了改进，更换为不易堵塞的中等流量阀门（Swagelok SS-2MG-MH）。

3.2.2　裂隙特征分析及隙宽的获取

为了获得该裂隙面和裂隙的一系列参数，将此模型进行了不同尺度的三维立体透视扫描，由于玻璃裂隙是透明的，因此扫描仪无法正确扫描，根据裂隙体积估算，玻璃裂隙的平均隙宽比页岩裂隙的平均隙宽略大。天然页岩裂隙扫描结果如图3.5和图3.6所示，图3.5中小圆点为仪器识别参照点，扫描仪器根据这些参照点的位置即能确定出整个裂隙面范围内的隙宽分布云图。

从图3.5中可以看出，该裂隙并没有呈现出像图3.1中强烈的各向异性特征。通常在自然环境中，含有闪光拉长石和云母粗糙颗粒的岩石更容易被劈裂，其裂隙面一般较光滑，表面起伏小，但会呈现出较明显的各向异性特征；而颗粒更细的如砂岩和花岗闪长岩之类的岩石通常会形成表面更为粗糙的裂隙[157]。对于该人工裂隙基本上用0～0.5mm的扫描尺度就能覆盖其绝大部分半隙宽范围，只是在图中右侧有小部分不连续部位的隙宽超过0.5mm，而这些部位隙宽大部分处于0.5～1mm之间，只有一小部分超过1mm。从0～2mm尺度扫描图中可以看出，隙宽最大值约为1.6mm。借助计算机对图3.5进行矩阵运算处理，可以重建832×652像素的真实隙宽分布图，见图3.7。我们统计了裂隙中全部832×652共542464个隙宽数据，并将其从0～0.5mm范围间隔0.05mm进行归类统计，大于0.5mm的归为一类，得到如图3.8所示的隙宽分布统计图。Tsang[54]通过对天然岩石裂隙隙宽的统计显

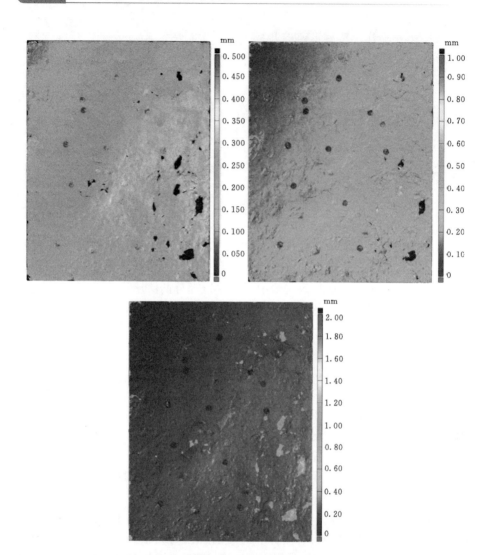

图 3.5　天然页岩人工裂隙不同尺度的三维扫描图
（参见文后彩图）

示，其隙宽密度分布函数可以用如下的 Gamma 函数近似表示

$$n(b) = \frac{4}{b_0^2} b e^{-2b/b_0} \tag{3.1}$$

式中　b_0——隙宽平均值，在这里平均隙宽经计算为 0.2578mm。

图 3.6 所示的裂隙剖面是每间隔约 3cm 对裂隙进行横向扫描所得，因此这些剖面基本上能代表整个人工裂隙的特征，这种特征一般可以用分形维数的方法来进行表征，以确定其起伏程度，这里通过 Box counting 法计算裂隙

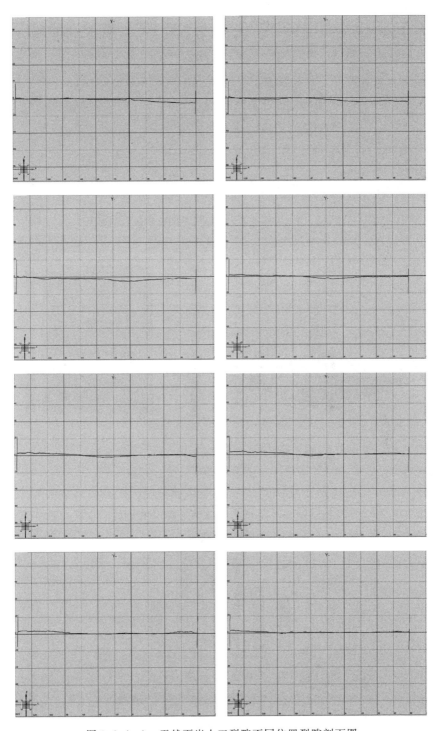

图 3.6（一） 天然页岩人工裂隙不同位置裂隙剖面图

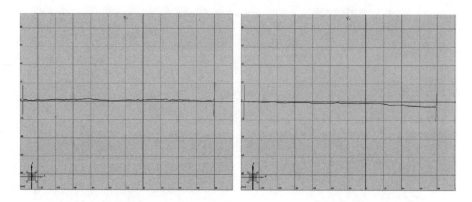

图 3.6（二） 天然页岩人工裂隙不同位置裂隙剖面图

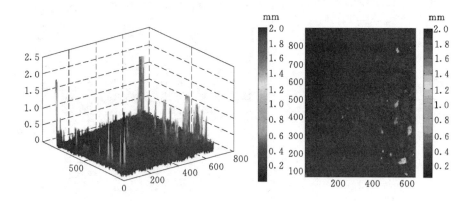

图 3.7 计算机重建裂隙隙宽分布图（832×652 像素）

（参见文后彩图）

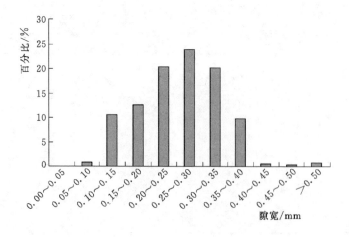

图 3.8 裂隙隙宽分布统计图

剖面的 Hausdorff 维数 $D_H = \dfrac{\log N}{\log N(s)}$。从图 3.9 中的计算结果来看，这些剖面的 Hausdorff 分形维数基本接近，由于这些剖面均匀分布于裂隙面上，因此在整个裂隙面上其起伏状态都比较稳定，并没有出现十分明显的跳跃状态，这也在一定程度上说明了该页岩劈裂形成的裂隙的主要特征就是裂隙面较为平整。

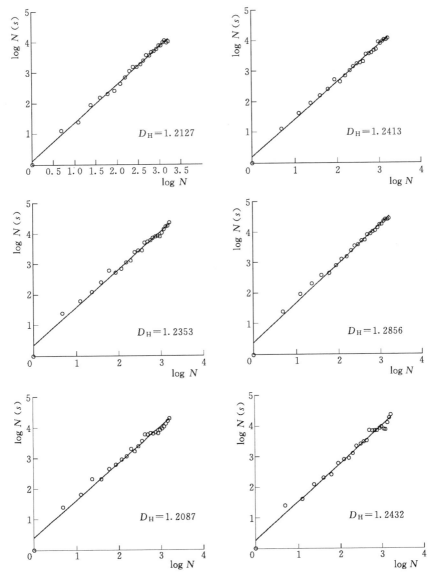

图 3.9（一） 各个裂隙横剖面 Hausdoff 分形维数

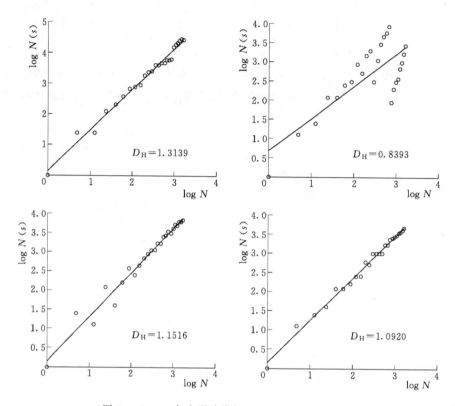

图 3.9（二）　各个裂隙横剖面 Hausdoff 分形维数

3.2.3　实验模拟及结果分析

3.2.3.1　水流实验

实验装置总共有 6 个测压管接口，在实验中只安装了 4 根测压管，分别是进水口端 1 根，编号为 Ⅰ；出水口端间隔安装了 3 根，编号分别为 Ⅱ、Ⅳ、Ⅵ。根据立方定律和水头值可以求得裂隙的水力隙宽。在注入 NAPL 前后，透明玻璃裂隙水流实验结果见表 3.2，图 3.10 为注入 NAPL 后，其在裂隙内淤堵的情况。

表 3.2　　　　　　　　透明玻璃裂隙水流实验数据

测压管编号	淤堵前水头 /mm	水头差 /mm	蠕动泵转速 /(r/min)	流量 /(mL/s)	淤堵后水头 /mm	水头差 /mm
Ⅰ					89	
Ⅱ					77	12
Ⅳ		10		0.0850	80	9
Ⅵ					77	12

续表

测压管编号	淤堵前水头 /mm	水头差 /mm	蠕动泵转速 /(r/min)	流量 /(mL/s)	淤堵后水头 /mm	水头差 /mm
I	109				75	
II	101	8	8	0.0677	64	11
IV	105.5	3.5			67	8
VI	105.5	3.5			67	8
I	105.5				61	
II	100.5	5	6	0.0502	52	9
IV	103	2.5			55	6
VI	104	1.5			54	7
I	95				47.5	
II	91	4	4	0.0335	41	6.5
IV	94	1			43.5	4
VI	94	1			43	4.5
I	74				33.5	
II	73	1	2	0.0162	29.5	4
IV	71.5	2.5			31	2.5
VI	74	0			31	2.5
I	73				32	
II	73	0	1.6	0.0139	28	4
IV	70	3			29.5	2.5
VI	72	1			30	2

根据立方定律可以得到裂隙的等效水力隙宽 $b_h = \left[\dfrac{12vLq}{gW(h_1-h_2)}\right]^{1/3}$，其中 $L = 28$cm 为裂隙的纵向长度；$W = 21$cm 为裂隙的横向宽度；v 为水的运动黏滞系数，在 24℃ 下为 0.00915cm^2/s；h_1、h_2 分别是裂隙上下游水头高度，由于下游三个测压管水头高度并不一致，因此可以取其平均水头差。由此可以求得淤堵前后等效水力隙宽 b_{hb} 和 b_{ha}。于是其相应的雷诺数可以通过下式得到

$$Re = \frac{gL}{vbW} \tag{3.2}$$

计算结果见表 3.3 和图 3.11，裂隙淤堵前的等效水力隙宽为 0.0287cm，略大于天然页岩裂隙的物理扫描平均值的 0.02587cm。裂隙被淤堵后其等效水力

图 3.10 NAPL 在裂隙内淤堵情况

隙宽由 0.0287cm 减小到 0.0213cm，说明淤堵后水流在裂隙内流动遇到的阻力更大，这点从表 3.2 中就可以看出，在相同流量条件下，淤堵后裂隙进出水口的平均水头差明显高于淤堵前的平均水头差，而淤堵后由于等效过水面积减小，导致平均流速增大，因此，此时雷诺数相对来说要高于淤堵前的雷诺数，而雷诺数和流量呈良好的线性关系，这时裂隙内水流仍旧呈层流状态。

表 3.3　　　　　　　　　　　等效隙宽及雷诺数计算

流量 /(mL/s)	0.085	0.067667	0.050167	0.0335	0.016217	0.013867	均值
b_{hb}/cm		0.027242	0.029233	0.029249	0.032588	0.025164	0.028695
Re		361.9533	250.0709	166.8985	72.51364	80.29869	
b_{ha}/cm	0.0226	0.022395	0.021734	0.021551	0.020063	0.019485	0.021305
Re	548.0533	440.2946	336.3544	226.5162	117.7861	103.7003	

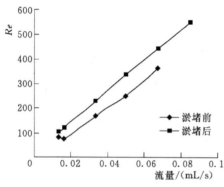

图 3.11　低雷诺数时流量和雷诺数
　　　　之间的线性关系

由立方定律，可以得到已知隙宽裂隙的等效渗透系数 K_h。

$$K = \frac{g}{12v}b^2 \tag{3.3}$$

于是裂隙淤堵前后的等效渗透系数分别为 7.3517cm/s 和 4.0526cm/s，将裂隙内水流看作是具有上下隔水边界的承压稳定流，利用裂隙等效渗透系数可以进行二维有限元模拟。地下水流控制方程可以描述为

$$\frac{\partial^2 H}{\partial x^2} + \frac{\partial^2 H}{\partial y^2} \tag{3.4}$$

$$\begin{cases} u_x = -K_h \dfrac{\partial H}{\partial x} \\ u_y = -K_h \dfrac{\partial H}{\partial y} \\ \overline{u} = \sqrt{u_x u_y} \end{cases}$$

式中　u_x、u_y——流速；

$\overline{u}$——平均流速。

用四边形网格将淤堵前后的裂隙均匀剖分，每个四边形单元近似为规则的正方形，淤堵前剖分成 9408 个单元，淤堵后由于 NAPL 具有复杂边界，因此被剖分成 8808 个近似正方形网格以提高精确程度，如图 3.12 所示。之所以用规则的正方形网格进行剖分，是为了和溶质运移模拟统一起来，以方便

比较，因为粗糙裂隙中裂隙的分布是按照正方形小区域进行平均计算得到的，因此在模拟粗糙裂隙水流及溶质运移时将按照正方形小区域逐个定义材料系数。我们计算了蠕动泵转速为 6r/min、4r/min 和 2r/min 时裂隙内的流场，网格边界条件按照表 3.2 给定，没有安装测压管的出水口，其水头高度通过左右相邻的出水口水头高度进行插值得到，模拟流场速度矢量和水头分布如图 3.13 所示。从模拟结果来看，淤堵前裂隙内部流场水力坡降比较均匀，除了出水口外，大部分区域流速比较接近；而淤堵后，由于 NAPL 的复杂边界，使得裂隙内流场变得更加复杂，除了在出水口处，另外在 NAPL 外围区域的水头变化十分明显，流速也更加复杂化。

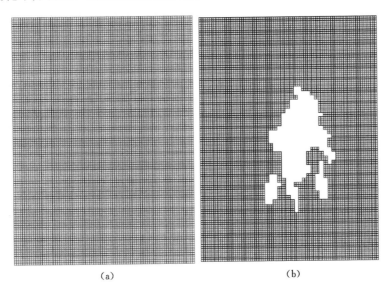

(a)   (b)

图 3.12　淤堵前裂隙和淤堵后裂隙四边形剖分网格

(a) 淤堵前；(b) 淤堵后

　　但利用等效隙宽在裂隙全区域求得的等效渗透系数并不能真实反映裂隙内部由于粗糙壁带来的区域性流场差异，而这些差异归根结底是隙宽的不均匀分布造成的。为了反映裂隙内部不同区域的差异性就必须在模拟水流时，在裂隙不同部位分别给定不同的材料系数，即渗透系数。在这里，将裂隙划分成 28×21 个正方形小单元，求得每个小单元的平均隙宽 $b_{i,j}$，再根据式 (3.3) 即可求出各个小单元各自的渗透系数，这些渗透系数能近似地反映在 1cm×1cm 范围内的材料特性。淤堵前后的裂隙剖分仍如图 3.12 所示，有限元模拟结果如图 3.14 所示。

　　对比图 3.14 和图 3.13 可以看出流场内水流速度分布明显不一样，由于隙宽的不均匀分布使得裂隙内水流呈明显的沟槽流形式，裂隙左侧由于隙宽

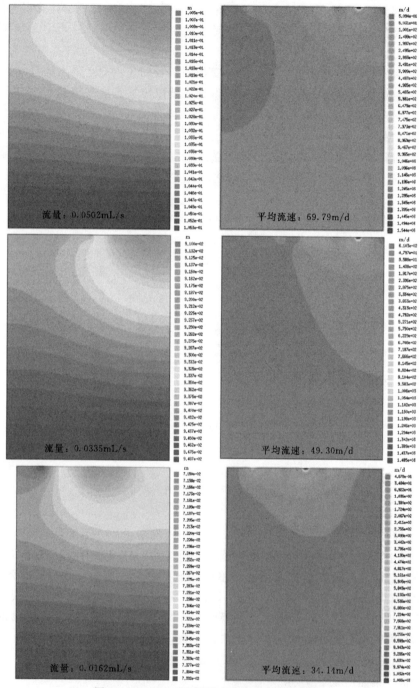

图 3.13（一）　透明裂隙中水流实验模拟结果

（左图为水头等高线云图，右图为其对应的速度等高线云图）

（参见文后彩图）

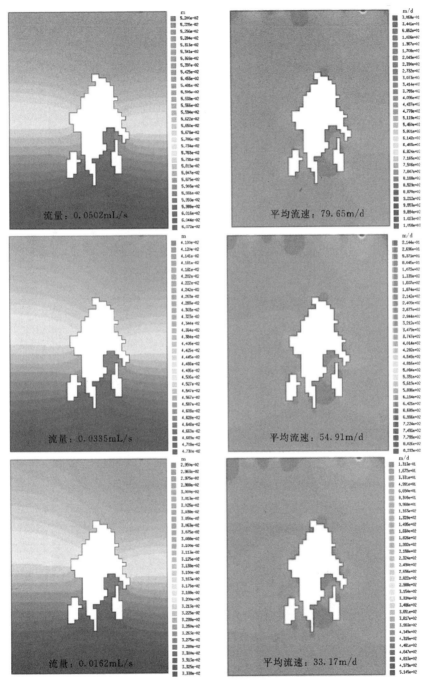

图 3.13（二）　透明裂隙中水流实验模拟结果

（左图为水头等高线云图，右图为其对应的速度等高线云图）

（参见文后彩图）

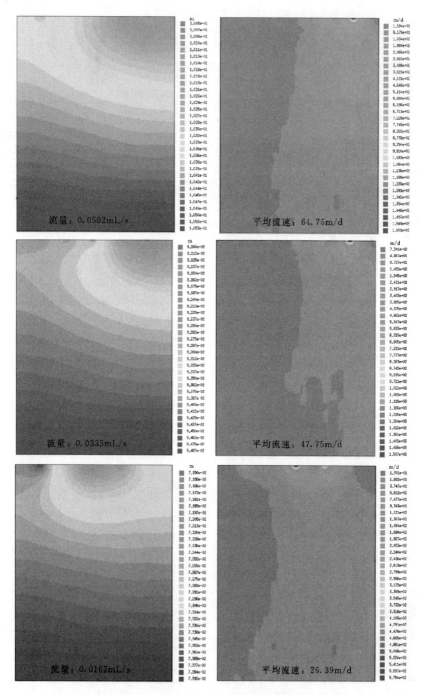

图 3.14（一）　透明裂隙中不均匀渗透系数模拟结果
（左图为不同流量下水头分布云图，右图为其对应的流场速度云图）
（参见文后彩图）

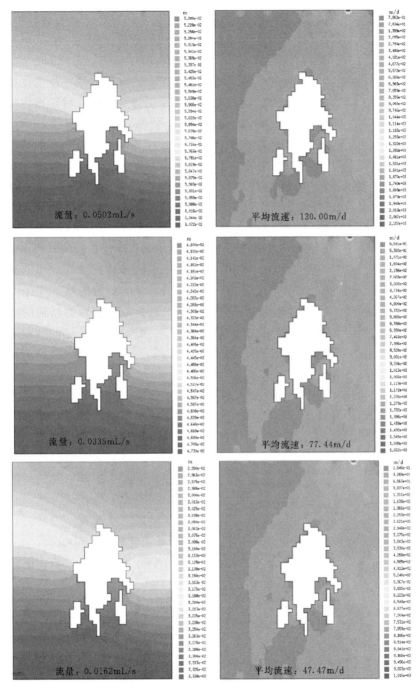

图 3.14（二） 透明裂隙中不均匀渗透系数模拟结果
（左图为不同流量下水头分布云图，右图为其对应的流场速度云图）
（参见文后彩图）

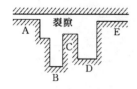

图 3.15　裂隙内隙宽示意图

普遍较小，因此水流多集中于隙宽较大的右侧区域。然而随着流量的变化，沟槽流也随之变化。例如，在流量从 0.0502mL/s 降低为 0.0335mL/s 时，左侧的低速区域迅速向右侧扩展，占据右侧一些隙宽稍小的地方，而原来右侧速度优势明显的区域则被压缩，特别是在右下方。而注入 NAPL 后，裂隙内流场发生了根本性变化，NAPL 左侧出现一条狭窄的通道，该区域的流速明显高于其左侧区域。这些变化表明，随着流场条件的变化，原有的沟槽流会在形态和数量上发生变化。可以假定这样一种情况，如图 3.15 所示，图中 A 和 E 为隙宽很小甚至闭合区域，B 和 D 则为隙宽较大区域，C 为一般隙宽区域。在裂隙内流量充足的情况下，可能 B、C 和 D 会形成一整条沟槽流，而 A、E 区域滞流甚至干涸，随着流量的下降，C 区域的水流流动会逐渐变得不明显，此时剩下 B 和 D 区域则形成两条特征宽度较小的互相独立的沟槽流。因此，Y. W. Tsang 和 C. F. Tsang[54] 提出的沟槽流理论并不完整，其理论是假定裂隙内部沟槽流数量一定，流量的变化对沟槽流的特征宽度具有影响，但并未考虑其可能同时影响粗糙裂隙内部沟槽流的数量，一旦沟槽流数量发生变化，则 Y. W. Tsang 和 C. F. Tsang 提出的沟槽流的一些计算公式也就不再适用。

淤堵前两种模拟方法得到的平均速度基本一致，前者稍高，但两者差别并不明显。而淤堵后，用不均匀渗透系数的方法得到的平均速度明显高于前者，这是因为淤堵物质注入后会随流速较大的水流流动，最后淤堵。可以看出 NAPL 所在的位置是裂隙中隙宽较大的部位，因此相较前者的等效水力隙宽模型，在更大程度上降低了裂隙的平均隙宽，因此在流量不变的情况下裂隙内的平均水流速度会更高。在此也可以看出，裂隙中的淤堵并不完全会发生在隙宽较小的区域，相反很多时候，特别是淤堵物质具有一定的流动性的情况下会堵塞隙宽较大的区域，并在其周围形成流速较大的流场。

对于非透明的页岩裂隙，由于无法确定 NAPL 的大小及位置，因此没有进行淤堵实验，其水流实验结果见表 3.4。

对页岩裂隙水流实验进行非均匀隙宽二维有限元模拟结果如图 3.16 所示，从其等速度云图可以看出，裂隙中水流速度分布主要有四个区域，从左到右速度逐渐增大，也就是说在该裂隙中水流呈现十分明显的沟槽流特征，水流主要集中于裂隙的右侧区域。相对于右侧而言，左侧隙宽普遍较小的区域水流速度十分缓慢，这四大流速区域基本符合隙宽的分布特征。但是和玻璃裂隙模拟结果相比，页岩裂隙中的平均水流速度快了 1 倍以上，这是由于制作工艺所限，玻璃裂隙无法达到和原始页岩裂隙完全一致，玻璃裂隙是高

表3.4 　　　　　　　　　　页岩裂隙水流实验结果

测压管	水头高度 /mm	进水口水头 /mm	水头差 /mm	蠕动泵转速 /(r/min)	流量 /(mL/s)
Ⅱ	87.5		4.5		
Ⅳ	88	92	4	2	0.0162
Ⅵ	88.5		3.5		
Ⅱ	120		7		
Ⅳ	121	127	6	4	0.0335
Ⅵ	122		5		
Ⅱ	94		8		
Ⅳ	95	102	7	6	0.0502
Ⅵ	95		7		

温浇筑而成，随着温度的下降，热胀冷缩效应也就体现出来了，因此该玻璃裂隙的隙宽略大于页岩裂隙。而实际模拟中使用的是较小的页岩裂隙隙宽值，加上相同流速情况下，页岩裂隙中上下游水头差值是玻璃裂隙中的3倍左右，因此较小隙宽和上下游水头差是造成模拟结果差别的原因。需要指出的是，隙宽的不一致并不是造成该差别的主要原因，因为页岩的平均隙宽为0.0259cm，而玻璃裂隙的水力隙宽为0.0287cm，两者相差其实很小，对内部流场和上下游水头差的影响十分有限。而造成两个裂隙系统上下游水头差值相差如此之大的原因就是材料的不同，玻璃裂隙虽然总体粗糙，但从微小结构来看要比页岩光滑得多，而且上下面粗糙颗粒之间的咬合程度也更紧密。

3.2.3.2　溶质运移

为了符合地下水流动普遍较慢的特点，所有溶质运移实验均在蠕动泵转速为2r/min，流量为0.016mL/s条件下进行。透明裂隙系统中，在淤堵前后分别进行了两次实验，页岩裂隙系统中进行了一次，实验结果如图3.17所示。图中三组实验的差别主要有两点：①玻璃裂隙淤堵后，穿透曲线比淤堵前更为平缓；②页岩裂隙中溶质首次穿透所用的时间比玻璃裂隙中要长。在玻璃裂隙中溶质穿透所需的时间约为18min，而页岩裂隙中所需的时间达到28min左右，这和水流模拟结果的原因相同，都是由于材料的差别导致裂隙面对水流的阻滞作用的不一样；同时，具有更为粗糙的细微结构的页岩裂隙面对溶质的吸附阻滞作用也更为强烈。Hill和Sleep[158]用CDE模型对28cm×21cm的人工粗糙裂隙溶质运移实验结果进行的拟合结果十分理想，R^2均在0.99以上。利用CDE模型对所得实验结果进行拟合结果如图3.18所示，总体来说，利用CDE平衡方程拟合结果较好，R^2都在0.97以上。然而透明裂

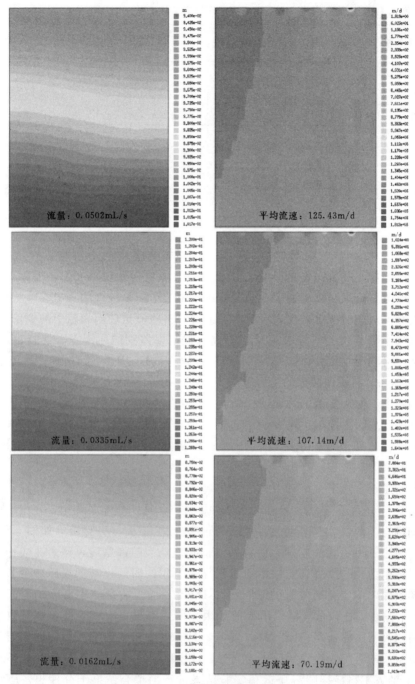

图 3.16　页岩裂隙水流实验模拟

（左图为等水头云图，右图为其对应的等速线云图）

（参见文后彩图）

隙在淤堵后的速度拟合值小于淤堵前的速度拟合值，实际上在注入流量不变的情况下，淤堵后的平均速度应略大于淤堵前，随着速度的增加，扩散系数会以更大比例增加，淤堵后的扩散系数是淤堵前的约 1.9 倍，而页岩中扩散系数和速度的拟合值最小，扩散系数更是只有透明裂隙淤堵前的一半。

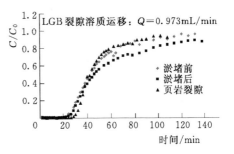

图 3.17　LGB 裂隙溶质运移散点图

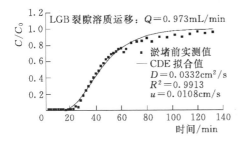

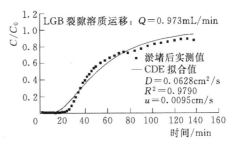

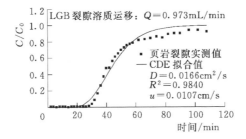

图 3.18　LGB 裂隙溶质运移拟合结果

裂隙中溶质运移控制方程可以描述为

$$\frac{\partial C}{\partial t} = \frac{\partial}{\partial x}\left(D_{xx}\frac{\partial C}{\partial x} + D_{xy}\frac{\partial C}{\partial y}\right) + \frac{\partial}{\partial x}\left(D_{yx}\frac{\partial C}{\partial x} + D_{yy}\frac{\partial C}{\partial y}\right) - \frac{\partial(u_x C)}{\partial x} - \frac{\partial(u_y C)}{\partial y}$$

(3.5)

式中　D_{xx}、D_{yy}、D_{xy} 和 D_{yx}——水动力扩散系数张量分量。

　　忽略溶质横向弥散，则纵向弥散度可由 CDE 拟合结果求得 $\alpha_L = D/u$。我们进行了透明裂隙淤堵后溶质运移模拟，仍采用不均匀隙宽模型。图 3.19 表示透明裂隙中溶质运移有限元模拟结果和实际观测结果的对比。由于制作工艺问题，实际裂隙左下角在实验正式开始计时起已经有部分溶质渗入了裂隙中，深度约 10cm，导致裂隙左边溶质前锋比应有速度要快了许多。在 $t = 5\text{min}$ 时，可以看出模拟图的右边溶质前锋位置和实验结果十分接近，两者的

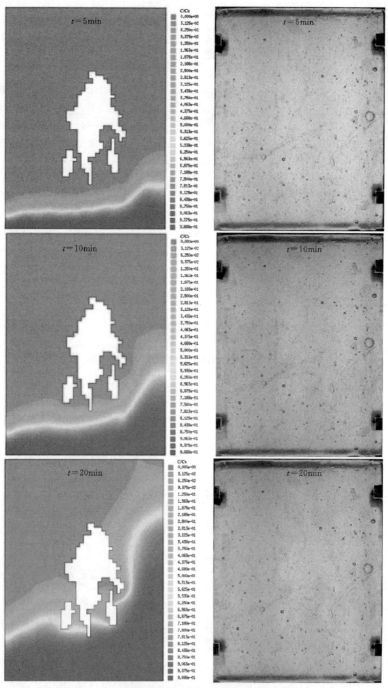

图 3.19　裂隙溶质运移模拟结果与实际结果对比

（左图为模拟结果，右图为其对应的实际结果）

（参见文后彩图）

中部位置溶质前锋均未到达 NAPL 位置，而左边则相差较大。究其原因，除了左边有溶质提前渗入裂隙外，用于固定裂隙上下面的 4 颗螺丝调节有问题，导致左下角隙宽变大，从而加速了裂隙左边的运移。$t=10\text{min}$ 时，两者右边溶质前锋位置仍然相差不大，而在中部位置，实验结果显示溶质前锋已经进入 NAPL 间的空隙位置，而模拟结果在该部位运移速度稍慢，刚刚开始进入空隙。$t=20\text{min}$ 时，实验照片中溶质分成两股，都已穿透整个裂隙，在较曲折的 NAPL 间只留下一小部分区域的颜色无明显变化。而模拟结果显示，右边的水流速度较高的区域也开始穿透，这和图 3.18 中的穿透时间相差并不大，然而左边溶质迁移仍然偏慢，且 NAPL 间空隙中的浓度也比实际情况偏低。由于浇铸工艺问题，玻璃板中存在很多气泡，表面有许多划痕，这对利用照片进行浓度识别产生了巨大困难，因此在此并没有对比浓度晕的具体浓度。

3.3 分析和讨论

本章对所制作的人工裂隙表面进行了测量和分析，其隙宽分布基本符合 Gamma 分布规律；进行了一系列的仿真人工单裂隙中水流及溶质运移实验及有限元模拟来寻找粗糙裂隙中水流及溶质运移的一些规律。同时考虑了裂隙被液态非水相化合物 NAPL 淤堵后造成的裂隙内部流场的变化。两种完全不同材质的人工裂隙在实验中对水流和溶质运移的影响十分明显，特别是对溶质运移的阻滞方面，粗糙的天然页岩裂隙的穿透几乎是玻璃材质的裂隙中的 2 倍。同时，实验及模拟结果表明，该粗糙裂隙中流场呈较明显的沟槽流形态，而水力条件的改变通常会对沟槽流的数量和特征宽度产生影响，因此，前人研究中通过假设沟槽流数量不变而推导出的一些公式和结论也就不能完全适用。裂隙中的淤堵很多情况下并不是发生在隙宽较小的区域，而是随着水流速度较大的沟槽流流动，在隙宽较小的区域前停留下来产生淤堵，同时其周围通常形成流速较大的流场，这样对裂隙中污染消除具有积极影响。淤堵后裂隙内部平均流速增大导致溶质运移扩散系数增大，且扩散系数比流速增长更快。

第 4 章

Lattice Boltzmann 方法在裂隙溶质运移模拟中的运用

4.1 概述

随着社会的发展，环境问题变得越来越紧迫，，如何解决水中污染物的迁移也显得格外重要。人们已经对此展开了一系列的研究和探讨，除了利用物理实验手段之外，计算机数值模拟也被广泛利用，LBM（Lattice Boltzmann Method）作为一种较新的数值方法也逐渐开始受到重视，该方法最早由 LGA（Lattice Gas Automata）演变而来，LGA 中由于粒子分布用 Boolean 变量表示，因此噪声较大，而 LBM 的出现克服了 LGA 的一系列不足，解决了困扰 LGA 已久的噪声问题[159]。自从 LBM 被提出用来作为求解偏微分方程新的数值途径以来，已取得了很大的进展，特别在求解流体 Navier - Stokes 方程上有了许多成果[160-162]。LBM 现在已被广泛地应用在各种问题的研究上，如多孔介质、不相溶流体、磁流体、反应扩散方程等领域。模拟 CDE 的传统方法，如有限元法、有限差分法等，都属于一种从上而下的模拟方法，都是通过对宏观 CDE 中的某一量进行直接离散化，从而求解方程。而 LBM 则属于自下而上的模拟手段，运用微观粒子的动力学方程并结合统计物理学，从而达到从微观到宏观模拟的目的。LBM 模型能够轻松处理复杂的流场边界，并有利于大规模并行运算，因此将此方法引入用于复杂的地下水流动以及溶质运移模拟具有广阔的前景。Gladrow[160] 运用多维 LBM 推导了忽略速度的纯弥散方程，并进行了计算机模拟，结果显示模拟值和解析值拟合良好，本章在此基础上进一步推导了带速度项的常速对流弥散方程，通过 Matlab 编程运算来验证模型的正确性及精确度。

4.2 常速对流弥散方程的 LBM 推导

4.2.1 Lattice Boltzman 模型的建立

宏观 CDE 可以用如以下形式表示

$$\frac{\partial C}{\partial t} = D \, \nabla^2 C - V \, \nabla C$$

式中　　C——溶质浓度；

　　　　D——弥散系数；

　　　　V——流速；

　　　　∇——M 维 Cartesian 坐标系中 Laplace 算子。

Boltzmann 方程如下

$$\frac{\partial f}{\partial t} + \xi \frac{\partial f}{\partial x} = \Omega(f)$$

所谓 BGK 逼近就是利用下式来逼近 $\Omega(f)$

$$\Omega(f) = -\frac{1}{\tau}(f - f^{(0)})$$

式中　　$f^{(0)}$——平衡分布函数；

　　　　τ——弛豫时间。

在不考虑外力情况下，对上式在时间、空间上进行离散可得

$$f_i(x + v_i \Delta t, t + \Delta t) - f_i(x, t) = -\frac{f_i(x, t) - f_i^{(0)}(x, t)}{\tau} \Delta t \qquad (4.1)$$

即为 LBM - BGK 模型，其中，为满足稳定性要求，$\tau \geqslant 0.5$；v_i 为格子 i 的速度；单粒子分布函数为 $f_i(x, t)$ 表示 t 时刻速度为 v_i 的粒子在 x 处出现的几率。为计算方便起见 $\Delta t = 1$，v_i 的大小也定为 1。将格点编号按照逆时针对称编排，如图 4.1 所示。

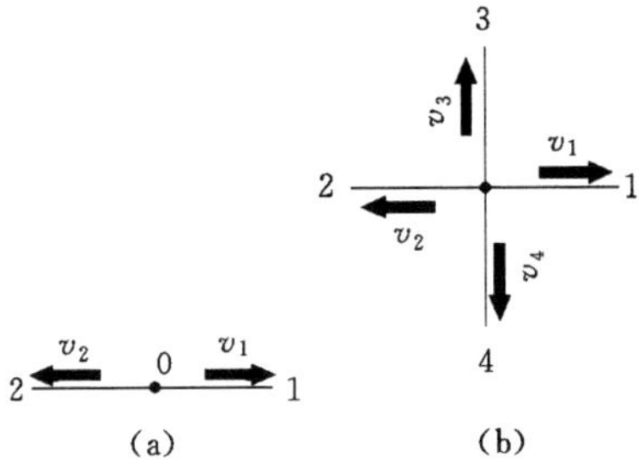

4.2.2　M 维常速 CDE 的 Boltzmann 推导

Wolf - Gladrow 在文献 [160] 中推导的方程为纯弥散方程，未考虑流速的影

图 4.1　格点编号示意图

(a) 一维情况；(b) 二维情况

响，故其推导过程中宏观流速为 0。然而，大量格子的碰撞反映到宏观层面上，其必定与宏观速度及浓度有相应的对应关系，根据统计物理原理，可以令

$$VC = \sum_i v_i f_i^{(0)} \qquad (4.2)$$

并在此基础上进行了如下方程的推导。

根据能量守恒，有

$$\sum_i v_i = 0$$

于是各个格点处的速度为

$$v_{2n-1} = (0,0,\cdots,0,1,0,0,\cdots,0)$$
$$v_{2n} = (0,0,\cdots,0,-1,0,0,\cdots,0) \quad (n=1,2,\cdots,M)$$

按统计物理理论，溶质的浓度可由粒子分布函数给出，同时根据粒子守恒原理得

$$C = \sum_i f_i(x,t) = \sum_i f_i^{(0)}(x,t) \tag{4.3}$$

将分布函数进行 Chapman Enskog 展开得

$$f_i^{(0)} = \gamma_1 C + \gamma_2 v_i C \quad (i=1,2,\cdots,2M) \tag{4.4}$$

式中 γ_1、γ_2——待定参数。

由（4.4）式可得

$$f_1^{(0)} = \gamma_1 C + \gamma_2 v_1 C$$
$$f_2^{(0)} = \gamma_1 C + \gamma_2 v_2 C$$
$$\vdots$$
$$f_{2M}^{(0)} = \gamma_1 C + \gamma_2 v_{2M} C$$

将上面各式相加得

$$f_1^{(0)} + f_2^{(0)} + \cdots + f_{2M}^{(0)} = 2M\gamma_1 C + \gamma_2 C \sum_i^{2M} \gamma_i$$

根据粒子守恒和能量守恒原理，于是

$$C = 2M\gamma_1 C$$

可以求出

$$\gamma_1 = \frac{1}{2M}$$

由（4.2）式得

$$VC = f_1^{(0)} - f_2^{(0)} + f_3^{(0)} - f_4^{(0)} + \cdots + f_{2M-1}^{(0)} - f_{2M}^{(0)} \tag{4.5}$$

式（4.3）与式（4.5）相加

$$(V+1)C = f_1^{(0)} + f_3^{(0)} + \cdots + f_{2M-1}^{(0)}$$
$$= \gamma_1 C + \gamma_2 C + \gamma_1 C + \gamma_2 C + \cdots + \gamma_1 C + \gamma_2 C$$
$$= M(\gamma_1 + \gamma_2)C$$

于是

$$\gamma_2 = \frac{V}{2M}$$

至此已经求出式（4.3）中的两个待定参数，将 γ_1、γ_2 代入式（4.4）

$$f_i^{(0)} = \frac{C}{2M} + \frac{V}{2M} v_i C \tag{4.6}$$

运用多尺度展开技术将 $f_i(x+v_i\Delta t, t+\Delta t)$ 进行展开，多尺度展开技术如下[160]

$$C_i = C_i^{(0)} + \varepsilon C_i^{(1)} + \varepsilon^2 C_i^{(2)} + o(\varepsilon^3)$$

式中　ε——一小参数；

　　$C_i^{(n)}$——n 阶展开。

于是

$$f_i(x+v_i,t+1)=f_i(x,t)+\partial_{xa}v_{ia}f_i+\partial_t f_i+o(\varepsilon^2)$$

$$=\left(1-\frac{1}{\tau}\right)\left[f_i^{(0)}+\varepsilon f_i^{(1)}+o(\varepsilon^2)\right]+\frac{1}{\tau}f_i^{(0)} \qquad (4.7)$$

对比 ε 的各阶，于是

$$\varepsilon f_i^{(1)}=-\tau\partial_{xa}v_{ia}f_i-\tau\partial_t f_i+o(\varepsilon^2)$$

上式中，下标 xa、ia 等均为多尺度展开标记，意义同文献[160]。

　　根据守恒原理

$$0=\sum_i\left[f_i(x+v_i,t+1)-f_i(x,t)\right]$$

$$=\sum_i\left[f_i(x,t)+\varepsilon^2\partial_t^{(2)}f_i+\varepsilon\partial_{xa}^{(1)}v_{ia}f_i+\frac{1}{2}\varepsilon^2\partial_{xa}^{(1)}\partial_{x\beta}^{(1)}v_{ia}v_{i\beta}f_i\right.$$

$$\left.-f_i(x,t)+o(\varepsilon^3)\right] \qquad (4.8)$$

其中

$$\varepsilon\partial_{xa}^{(1)}v_{ia}f_i=\varepsilon\partial_{xa}^{(1)}\sum_i v_{ia}f_i^{(0)}+\sum_i\varepsilon^2\partial_{xa}^{(1)}v_{ia}f_i^{(1)}+o(\varepsilon^3)$$

$$=\varepsilon\partial_{xa}^{(1)}\sum_i v_{ia}f_i^{(0)}-\tau\sum_i\varepsilon^2\partial_{xa}^{(1)}\partial_{x\beta}^{(1)}v_{ia}v_{i\beta}f_i^{(0)}+o(\varepsilon^3) \qquad (4.9)$$

由于

$$\sum_i v_{ia}v_{i\beta}=2\delta_{a\beta}$$

式（4.9）等于

$$\varepsilon\partial_{xa}^{(1)}\sum_i v_{ia}f_i^{(0)}-\tau\frac{1}{M}\varepsilon^2\partial_{xa}^{(1)}\partial_{x\beta}^{(1)}\delta_{a\beta}C+o(\varepsilon^3) \qquad (4.10)$$

$$\frac{1}{2}\varepsilon^2\partial_{xa}^{(1)}\partial_{x\beta}^{(1)}v_{ia}v_{i\beta}f=\frac{1}{2M}\varepsilon^2\partial_{xa}^{(1)}\partial_{x\beta}^{(1)}v_{ia}v_{i\beta}C \qquad (4.11)$$

　　将式（4.10）和式（4.11）代回式（4.8），由于是匀速流动，因此速度为一常数，还原成宏观方程得

$$0=\partial_t C-\left(\tau-\frac{1}{2}\right)\frac{1}{M}\nabla^2 C+V\,\nabla C \qquad (4.12)$$

其中 $D=\left(\tau-\frac{1}{2}\right)\frac{1}{M}$ 为弥散系数。需注意的是，在二维条件下，此方法只能模拟 $V_x=V_y=$ 某一常数的情况。式（4.12）即为通用常速 CDE。根据此推导过程即可进行相应的程序编制。

4.2.3　模型验证

　　为验证模型的正确性，以下以一维 CDE 为例，进行模拟计算。

$$\frac{\partial C}{\partial t}=D\frac{\partial^2 C}{\partial x^2}-V\frac{\partial C}{\partial x}$$

其中初始条件为

$$C(x,0) = \sin\left(\frac{\pi x}{X}\right) e^{\frac{Vx}{2D}}$$

边界条件为

$$C(0,t) = 0$$
$$C(X,t) = 0$$

其中 $X = 30$，$V = 0.25$。

当 $\frac{1}{\tau} = 0.3$ 时，终止时刻为 $\frac{80}{D}$ 和 $\frac{85}{D}$ 时的曲线如图 4.2 所示。

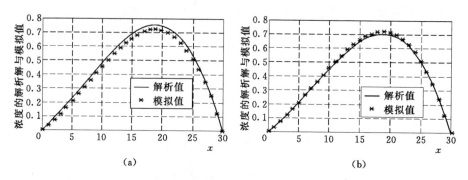

图 4.2　$\frac{1}{\tau} = 0.3$ 时的模拟结果

（a）终止时刻为 $\frac{80}{D}$ 时的模拟情况；（b）终止时刻为 $\frac{85}{D}$ 时的模拟情况

各 x 处的误差如图 4.3 所示。

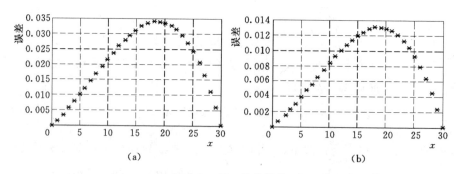

图 4.3　各 x 处的误差

（a）终止时刻为 $\frac{80}{D}$ 时各点处的模拟误差；（b）终止时刻为 $\frac{85}{D}$ 时各点处的模拟误差

当 $\frac{1}{\tau} = 0.5$ 时，终止时刻为 $\frac{90}{D}$ 和 $\frac{95}{D}$ 时的曲线如图 4.4 中（a）、（b）所示。

此时对应各 x 处的误差如图 4.5 所示。

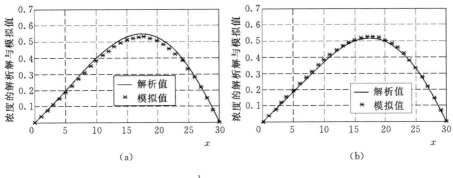

图 4.4　$\dfrac{1}{\tau}=0.5$ 时的模拟结果

（a）终止时刻为 $\dfrac{90}{D}$ 时的模拟情况；（b）终止时刻为 $\dfrac{95}{D}$ 时的模拟情况

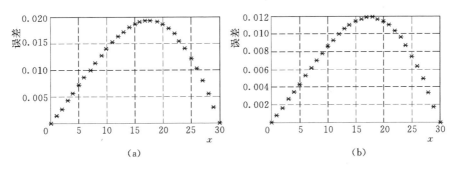

图 4.5　各 x 处的误差

（a）终止时刻为 $\dfrac{90}{D}$ 时各点处的模拟误差；（b）终止时刻为 $\dfrac{95}{D}$ 时各点处的模拟误差

4.2.4　分析及结论

结合以上两个算例，可以得出以下几点结论。

（1）LBM 模拟 CDE 具有较高的精度，而且收敛速度迅速，从上面的两个例子可知，$\dfrac{1}{\tau}$ 分别等于 0.3、0.5 时仅需要迭代 85 和 95 次就已经能满足绝大多数的精度要求，在配置为 Pentium 4 1.7GHz，512M 内存的计算机上的运行情况均十分迅速。

（2）模型中弥散系数的取值可以通过改变 $\dfrac{1}{\tau}$ 的值来进行调整，而不同 $\dfrac{1}{\tau}$ 的值对模型计算速度也有一定的影响，如 $\dfrac{1}{\tau}=0.3$ 时仅需进行 85 次迭代，而 $\dfrac{1}{\tau}=0.5$ 时则需要 95 次迭代，因此较大的 $\dfrac{1}{\tau}$ 所对应的计算时间要稍微长一些，但这种时间的增长在现有的计算机计算能力下几乎可以忽略不计。

（3）相对于两边边界附近来说，峰值附近的模拟精度要稍稍欠缺一点，但从图 4.3 和图 4.5 可以看出，最大误差仍控制在 0.013 以下。

综上所述，LBM 能够较精确地模拟对流弥散方程，加之其模型在复杂边界处理方面的优势及编程简单的优点，应该能够在地下水流动模拟及溶质运移方面获得更广泛的应用。书中仍存在一些尚待解决的问题，如多维 CDE 的速度及弥散系数的各向异性问题，这些都需要进一步研究解决。

4.3 LBM/MMP 混合法模拟仿真单裂隙中溶质运移

4.3.1 LBM/MMP 混合方法

用 LBM 模拟溶质运移的主要途径是将溶质运移看作水流运动和溶质弥散两个独立过程，用两套互相独立的 LBM 分别模拟这两个过程，然后将两个结果相结合，从而实现溶质运移的模拟。然而单纯的用 LBM 模拟溶质运移问题仍面临许多困难，其中之一就是对于高 *Péclet* 数条件下的模拟往往偏差较大，因此，目前对于 LBM 的改进主要就是如何提高其在高 *Péclet* 数条件下的适用性。

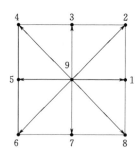

图 4.6　D2Q9 模型示意图

MP（Moment Propagation）起初是用来计算 LGA 模型中的速度自动矫正函数，并被运用到 LBM 中，后来被用来解决电荷黏性运移问题[163]。Merks 等[164]利用改进的 MP（Modified Moment Propagation）法来模拟溶质弥散过程，和 LBM 相结合计算了圆管流中的溶质运移，并分析了其在高 *Péclet* 数条件下的适用性，结果表明该混合方法的适用范围相对于单纯的 LBM 有了较大改进，和 MP 方法相比，提高了计算结果的稳定性。

在处理二维问题时使用最为广泛的就是规则的 D2Q9 模型，如图 4.6 所示。

于是各个格点的速度为

$$c_{1,5} = (\pm 1, 0)$$
$$c_{3,7} = (0, \pm 1)$$
$$c_{2,6} = (\pm 0, \pm 1)$$
$$c_{4,8} = (\mp 0, \pm 1)$$
$$c_9 = (0, 0)$$

一旦 $f_i(x, t)$ 被确定，就能得出一系列宏观量，如密度和宏观速度

$$\rho(x, t) = \sum_{i=1}^{N} f_i(x, t)$$

$$u(x,t) = \sum_{i=1}^{N} f_i(x,t) \cdot c_i$$

$f_i^{(0)}$ 由下式得出：

$$f_i^{(0)} = \rho t_p \left[1 + \frac{\vec{c_i} \cdot \vec{u}}{c_s^2} + \frac{(\vec{c_i} \cdot \vec{u})^2}{2c_s^4} - \frac{\vec{u} \cdot \vec{u}}{2c_s^2} \right] \tag{4.13}$$

式中 t_p——静止以及水平和垂直运动粒子的权重，这里用到的值为：$t_0 = 4/9, t_1 = 1/9, t_2 = 1/36$；

c_s——声速，其平方值在此取为 $1/3$。

此外，黏滞系数 $\upsilon = c_s^2 \left(\tau - \frac{1}{2} \right)$，在边界上采用无滑移弹回边界，即传播过程中，粒子遇到边界后立即以大小相同、方向相反的速度弹回，并考虑多次反弹，如图 4.7 所示。表 4.1 提供了 LBM 中变量和实际物理量之间的转换关系，为了方便起见，这里所有长度单位都用格子单位表示为（l.u），时间单位表示为（t.u）。

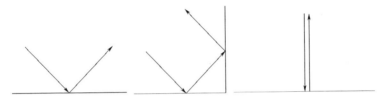

图 4.7　粒子在边界上的反弹

表 4.1　　　　　**LBM 中变量和对应实际物理量间的转化关系**[161]

变量	LBM	实际物理量
时间	t	$t^{real} = \Delta t t$
空间	r	$r^{real} = \Delta r r$
速度	U	$U^{real} = (\Delta r / \Delta t) U$
弥散系数	D	$D^{real} = (\Delta r^2 / \Delta t) D$

对于三维问题，常用的 LBM 模型为具有 19 个或 15 个格点的 D3Q19 和 D3Q15[160]。图 4.8 所示的 D3Q15 中各个格点速度为

$$c_0 = (0,0,0)$$

$$c_{1,2}, c_{3,4}, c_{5,6} = (\pm 2, 0, 0), (0, \pm 2, 0), (0, 0, \pm 2)$$

$$c_{7,\cdots,14} = (\pm 1, \pm 1, \pm 1)$$

而图 4.9 所示的 D3Q19 模型则相应为

$$c_0 = (0,0,0)$$

$$c_{1,2}, c_{3,4}, c_{5,6} = (\pm 1, 0, 0), (0, \pm 1, 0), (0, 0, \pm 1)$$

$$c_{7,\cdots,10}, c_{11,\cdots,14}, c_{15,\cdots,18}, = (\pm 1, \pm 1, 0), (\pm 1, 0, \pm 1), (0, \pm 1, \pm 1)$$

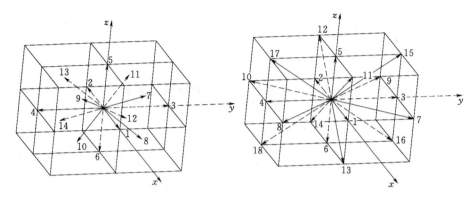

图 4.8　D3Q15 模型示意图[160]　　　　图 4.9　D3Q19 模型示意图[160]

经过 LBM 的迭代演化后，形成一稳定的流场，这时就可以开始用矩传播法来模拟溶质在流场中的弥散过程。在格子流场中加入一标量 $P(\vec{x}, t)$，其中一部分 Δ / ρ 在格点上，其余的根据概率密度函数 $f(\vec{x} - \vec{c_i}, t)$ 分布于临近点上，于是有

$$P(\vec{x}, t+1) = \sum_i \frac{\left[f_i(\vec{x} - \vec{c_i}) - \frac{\Delta}{9}\right] P(\vec{x} - \vec{c_i}, t)}{\rho(\vec{x} - \vec{c_i})} + \Delta \frac{P(\vec{x}, t)}{\rho(\vec{x})}$$

平衡态流场中，在 $t=0$ 时刻，以 δ 脉冲形式输入溶质，则 $t=1$ 时一阶和二阶矩分别为

$$\vec{m}_1 = \sum_i \frac{f_i^{(0)}(\vec{u}, \rho) - \frac{\Delta}{9}}{\rho} \vec{c_i} = \vec{u}$$

$$m_2 = \sum_i \frac{f_i^{(0)}(\vec{u}, \rho) - \frac{\Delta}{9}}{\rho} \vec{c_i} \cdot \vec{c_i} = 1 + \vec{u} \cdot \vec{u} - 2 \frac{\Delta}{\rho}$$

此时可估算出初始分子扩散系数 $D_m = \frac{1}{6}(m_2 - \vec{m}_1 \cdot \vec{m}_1) = \frac{1}{6} - \frac{1}{3} \frac{\Delta}{\rho}$，并且通过迭代获得更为准确的扩散系数。

由于该方法在 f_i 较小时容易导致浓度为负值，只能适用于较小 Péclet 数的情况。Merks 等[164] 将此方法进行了改进，提出静止粒子的量应该由静止状态下的水流（流速为 0）的平衡分布函数 $f_i^{(0)}(u=0, \rho)$ 求得，于是

$$P(\vec{x}, t+1) = \sum_i \left\{ \frac{\left[f_i - \Delta^* f_i^{(0)}(\vec{u}=0, \rho)\right] P}{\rho} \right\}_{\vec{x} - \vec{c_i}, t} + \Delta^* P(\vec{x}, t)$$

$$(4.14)$$

式中　Δ^*——经传播后仍然处于同一格子的溶质。

根据该方法可以求出 D_m 的初始估计值

$$D_m = \frac{1}{6} - \frac{1}{6}\Delta^* \qquad (4.15)$$

式（4.14）中的标量 P 可以看成是溶质浓度，这样矩传播法就能用来模拟 LB 流场模型中的溶质运移现象。

4.3.2 单裂隙模型

4.3.2.1 弥散系数

Aris 等的研究显示，在两个间隔为 b 的光滑平板之间的弥散系数 D_L 是溶质分子扩散与水流综合作用的结果，它与溶质的分子弥散系数 D_m 有如下关系

$$D_L = D_m + \frac{U^2 b^2}{210 D_m} = D_m + \alpha_{Taylor} U^2 \qquad (4.16)$$

式中 U——裂隙平均流速。

一般来说，相同条件下，粗糙裂隙要比光滑裂隙具有更大的弥散系数，而且随着粗糙度的增加而增大。同光滑裂隙相比，粗糙裂隙中的弥散系数甚至能达到其 10 倍的大小[165,166]，这是由于粗糙颗粒的出现影响了流场的变化。而裂隙是否粗糙以及粗糙度的大小都不会从本质上改变 D_L 与 D_m 的关系，因为 D_L 仍旧与 U^2 呈线性关系[165]，因此式（4.16）对粗糙裂隙仍适用，只是裂隙隙宽需进行调整。在不考虑吸附的情况下，可以写成

$$D_L = D_m + \frac{U^2}{210 D_m} b_h^2 \qquad (4.17)$$

式中 b_h——粗糙裂隙等效宽度。

图 4.10 为颗粒均匀分布粗糙裂隙示意图。

为了方便 Lattice Boltzmann 模型计算，可以取 $h_g = l_g = l = n\delta x$，其中 δx 为格子的长度，本书中取 $n=1$。对于 $h_g \neq l_g \neq l_b \neq n\delta x$ 的情况，可以利用

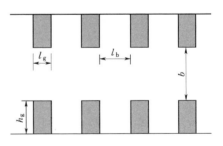

图 4.10 颗粒均匀分布粗糙裂隙示意图

网格差值的方法来求解，具体参照文献[167]，这里不再重复。

4.3.2.2 裂隙隙宽的确定

本书考虑三种裂隙的模拟，即理想光滑裂隙、颗粒均匀分布裂隙和颗粒随机分布裂隙。其中粗糙颗粒随机分布裂隙如图 4.11 所示，其上下面上的粗糙颗粒通过符合均值为 0、方差为 1 的高斯随机数产生，并通过设立阀值来控制颗粒出现的频率，文中取阀值为 0.4，图中的裂隙为计算所用裂隙的一部分长度。三种裂隙的隙宽均使用平均隙宽的定义，分别为 $<b>=6$、5.13、5.14。

4.3.2.3 模型计算及结果分析

为获得一稳定流场，书中以一长度为 500 的裂隙为计算对象，为了确保

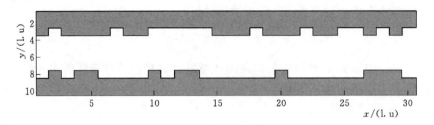

图 4.11　粗糙颗粒随机分布裂隙

计算精度，建议弛豫时间在 [0.5,1.0] 区间取值，不建议取太大的数。这里取弛豫时间 $\tau=1.0$，平均速度 $\bar{u}=0.1$，经过迭代计算后的部分流场如图 4.12 所示，其箭头长短表示流速大小。

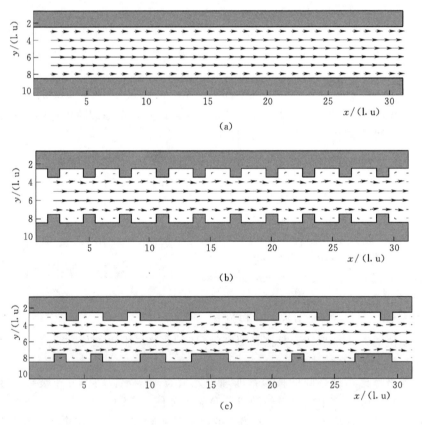

(a)

(b)

(c)

图 4.12　裂隙中的稳定流场

(a) 理想光滑裂隙；(b) 颗粒均匀裂隙；(c) 颗粒随机分布裂隙

经若干步迭代流场趋于稳定后，在 (1,5) 处格子加入一溶质点源，浓度为 $P=1$，Δ^* 取为 0.5，根据式 (4.15)，D_m 约为 0.083，对于以上三种裂隙来说，

D_L 分别为 0.104、0.098 和 0.0982。在不考虑吸附的情况下，当溶质到达右端端口处时，随即被重新输入左端端口进行循环，裂隙中的溶质总量始终保持守恒，最终裂隙中各处浓度趋于相同。图 4.13 表示在颗粒均匀分布裂隙中用 LBM/MP 法和 LBM/MMP 法分别计算 $x=100$ 处的浓度变化曲线，为了清楚地看出两者的差别，进行了局部放大，其中粗线表示用 LBM/MMP 模拟的结果，细线表示 LBM/MP 的模拟结果。

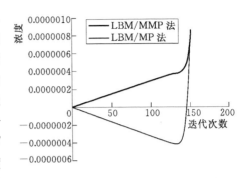

图 4.13　LBM/MP 法和 LBM/MMP 法的计算值对比

从图 4.13 中可以看出 Δ^* 取 0.5 时，用 LBM/MP 法的计算值出现了浓度为负值的情况，很显然，这和实际情况不符，而用 LBM/MMP 法则解决了浓度为负值的问题。图 4.14 记录了 10000 次迭代后在 $x=100$ 处的浓度变化曲线，图中虚线表示的是该处最终浓度的预计值，经计算，模拟值与预计值的最大误差不超过 10%。从图中可以看出，三种裂隙中峰值出现的时间依次是：（a）<（b）<（c），这是因为粗糙裂隙中广泛存在的粗

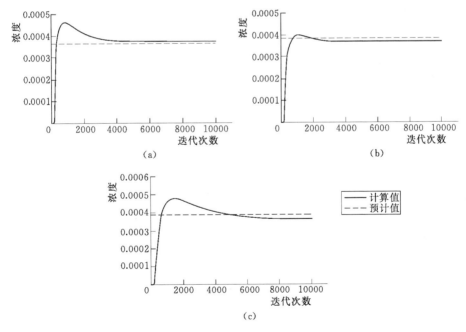

图 4.14　$x=100$ 处的浓度变化曲线

（a）理想光滑裂隙中；（b）颗粒均匀分布裂隙中；（c）颗粒随机分布裂隙中

糙颗粒以及颗粒间形成的死端孔隙在一定程度上造成了溶质的传输不畅造成的。同时，最终浓度的高低也反映了平均隙宽的大小，这是由于裂隙中溶质总量一定，隙宽越大则浓度越低。

此外还计算了 $x=50$ 和 $x=200$ 处的浓度变化曲线，同预计值相比同样具有较高的准确度。另外，值得一提的是，在不同流速的情况下的模拟结果表明随着流速的增加，误差也随之增加，这和其他文献的结论一致[168]。

这种将 LBM 和 MMP 相结合的新型模拟方法能在裂隙溶质运移中获得较好的模拟结果，同时借助 LBM 方法能轻松模拟粗糙裂隙的微观结构和处理复杂物理边界，另外加入 MMP 方法将使得计算所需内存大为减小。以前 LBM 模拟二维溶质运移时，某格子的浓度需用 9 个量相加得到，而在 MMP 方法中则减为 1 个标量。然而该方法仍存在一些不足，在计算大 $Péclet$ 数下的溶质运移模型时的误差较大，虽然经过一系列改进后，计算范围有所扩大，但仍然具有局限性，需进一步研究以提高大 $Péclet$ 数下的精确度。

4.4 天然裂隙中溶质运移的 LBM 模拟

4.4.1 二维裂隙模型的建立

4.4.1.1 裂隙图像采集

即便是单裂隙，其复杂的物理形态也使得实验室模拟变得十分困难，其物理模型从最初的平行板模型到目前仿真度较高的混凝土裂隙模型等，无论在理论研究还是实验手段上都获得了极大进步。然而这些裂隙都属于人工裂隙，势必和天然状态下存在的裂隙有着不小的差别，而且不同地区，不同岩类中裂隙的发育也很不一样，带有强烈的独一性。为了更好地研究某个特定区域的裂隙中水流及溶质迁移规律，需对该地区发育裂隙进行深入研究，以便模型能最大程度地保留裂隙的天然性及独特性。2003 年瑞典 ÄSPÖ 硬岩实验室为研究放射性物质锕在基岩裂隙中的迁移，通过野外实验获得钻孔中裂隙的数字图像，在此基础上取得了一系列当地基岩中裂隙的发育的重要参数[169]。本书实验中选取带裂隙的天然花岗岩，为了获得更为清晰的裂隙图像，在不对裂隙造成影响的前提下，需对岩样进行一系列处理。根据环氧树脂在紫外灯下能产生荧光这一特征，用注射器往裂隙中缓慢注入环氧树脂直到岩样表面裂隙被树脂充分填充，经过几天的干燥后，除去岩石表面多余树脂，将其暴露于紫外灯下，用数码相机拍照。图 4.15 （a）为紫外灯光下的照片，可以看出，由于环氧树脂吸收紫外光后呈现亮绿色，使得裂隙和周围岩体对比更强烈，而且减小了岩体斑纹的干扰，这将方便裂隙图像的提取；图 4.15 （b）为其灰度图像。

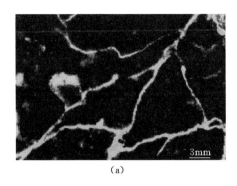 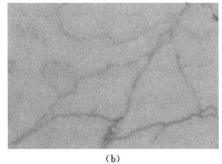

（a）　　　　　　　　　　　　　　（b）

图 4.15　紫外灯下的裂隙图

（a）实拍图；（b）灰度图像

（参见文后彩图）

4.4.1.2　裂隙边界的提取及后期处理

图像边界是指图像局部区域亮度变化显著的部分，该区域的灰度剖面一般可以看作是一个阶跃，即从一个灰度值在很小的缓冲区域内急剧变化到另一个相差较大的灰度值。边界的提取主要有以下几个步骤：

（1）平滑图像，去掉图像中多余的噪声信号。

（2）增强、突出显示邻域中变化显著点。

（3）检测图像中梯度幅值较大的是否为边界点。

（4）边界点的定位。

首先使用高斯滤波法进行图像平滑处理，高斯滤波采用高斯函数 $G(x,y)=\mathrm{e}^{-\frac{x^2+y^2}{2\sigma^2}}$ 作为加权函数，优点是：二维高斯函数具有旋转对称性，保证滤波时各方向平滑程度相同，同时离中心点越远权值越小，确保边缘细节不被模糊。于是得到平滑图像 $F(x,y)=\mathrm{e}^{-\frac{x^2+y^2}{2\sigma^2}}\cdot f(x,y)$。在此基础上使用最优的阶梯型边缘检测算法（Canny 边缘检测）来检测边界点，即用一阶偏导的有限差分（如 Prewitt 或 Sobel 算子）来计算梯度的幅值和方向，找到图像灰度在 x,y 方向上的偏导数（F_x,F_y），由此得出其梯度大小和方向分别为

$$|F|=\sqrt{F_x^2+F_y^2},\quad \theta=\arctan\frac{F_y}{F_x}$$

通过梯度方向就能找到该像素沿梯度方向的邻接像素，若某像素在梯度方向上与前后两个像素灰度值相比不是最大，则将其值设为 0，即该像素为非边界像素。同时使用图像的累计直方图计算两个阈值，根据 Canny[170] 提出的双阈值原理，凡是高于高阈值的像素一定是边界，凡是小于低阈值的一定是非边界，如果在两者之间，则看其邻接像素中是否有大于高阈值的边界像素

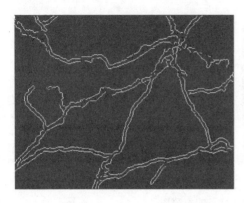

图 4.16　Canny 法检测得到的裂隙边界

存在，如果有即为边界，否则为非边界。在 Matlab 中高阈值与低阈值之比为 2.5。图 4.16 为 Canny 法检测得到的裂隙边界。

然而得到的裂隙边界图并不能直接运用于计算，需将图 4.16 进行遍历，搜索裂隙内部像素，并将其值赋为 0，外部点则赋为 1，即可得到用格子表示的适用于 LBM 计算的裂隙图，如图 4.17 所示，其在计算机内为由 0 和 1 组成的二维矩阵。

4.4.2　裂隙图像分析

4.4.2.1　裂隙粗糙度

天然存在的裂隙的形状千变万化，无法用数量有限的数字图像来一一描述。观察图中裂隙边界可以知道，裂隙形状的变化源于其边界线的曲率的变化也就是粗糙度的变化。1972 年 J. Bear[171] 提出的多孔介质中曲率概念，至今人们仍对曲率的定义存在较大分歧。较为有效的方法就是运用分形原理获得裂隙数字图像的维数来描述裂隙的曲折变化程度，一般称为 Hausdorff 维数。选取两段裂隙，如图 4.18 所示，运用格子计数法求出裂隙边界的维数，其结果如图 4.19 所示，两段裂隙的维数分别为 1.2853 和 1.3404。

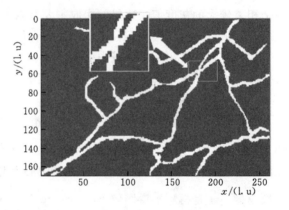

图 4.17　适用于 LBM 计算的格子裂隙图

4.4.2.2　裂隙隙宽

天然裂隙的隙宽变化十分复杂，很难进行测量，计算中一般都用水力等效隙宽代替，如果有了裂隙的数字图像，只需在计算机内进行一系列二维矩阵的简单运算即可得到实际隙宽。本书采集了 182 处隙宽，按照大小进行了分组，图 4.20 表示各组隙宽在所有采样隙宽中所占的比例。可以看出，其基本上按正态分布，小隙宽和大隙宽所占比例较低，绝大部分采样隙宽处于 [2.5,5.5] 区间范围内，所占比例约为 85%，其中隙宽在 [3.5,4.5] 间的比

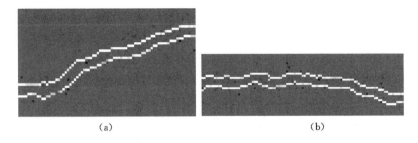

(a)　　　　　　　　　　　　(b)

图 4.18　不同曲率的两段裂隙

（a）裂隙 1；（b）裂隙 2

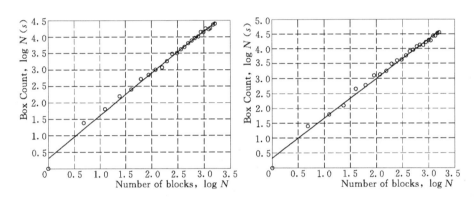

图 4.19　利用格子计数法进行分形计算的结果

（a）裂隙 1 维数计算结果；（b）裂隙 2 维数计算结果

例更是高达 41% 以上，裂隙平均加权隙宽约为 3.9615。

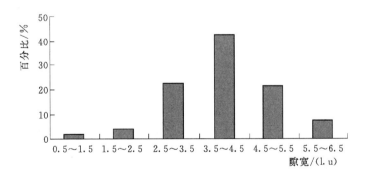

图 4.20　各组隙宽在采样总数中所占比例

4.4.3　模型计算

从图 4.17 右下角取出一段单裂隙作为计算对象，如图 4.21 所示，启动 LBM 计算来获得稳定流场。为了确保计算精度，建议弛豫时间在 [0.5，1.0]

区间取值，不建议取太大的数，这里取弛豫时间 $\tau = 1.0$，平均速度 $\bar{u} = 0.1$，经过迭代计算后的部分流场如图 4.22 所示，其箭头长短表示流速大小。

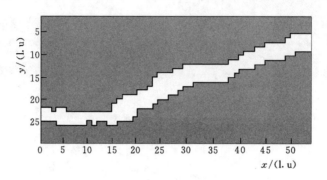

图 4.21　单裂隙计算区域

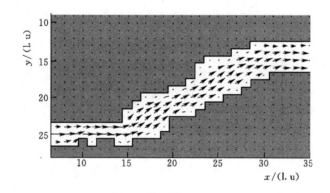

图 4.22　裂隙中的稳定流场（部分）

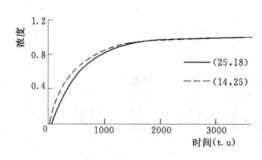

图 4.23　（14，25）和（25，18）处
浓度变化曲线

此时于裂隙左端入口处注入浓度为 1 的溶液，具体处理为：在入口处每个格点均加入浓度为 1 的点源，并且每迭代一步后其浓度自动恢复为 1，Δ^* 取值为 0.5，于是得到其初始弥散系数 D_m 约为 0.0833。本书计算了（14，25）和（25，18）两处的浓度变化曲线，如图 4.23 所示。其中虚线表示（14，25）处的浓度变化，实线表示（25，18）处浓度变化。

4.4.4　参数估计及模型验证

本书使用了 Toride 等[172]编写的 CXTFIT(V2.1) 程序对所求得的（25，18）

处的浓度变化曲线进行参数拟合，其原理是根据 Marquardt 的非线性倒置最小二乘法来进行拟合求参。由于 CXTFIT 对所需拟合的数据点个数有限制，因此对上面所求的 4000 个浓度值数据点进行了筛选，共取出 80 个数据点，拟合结果见图 4.24 和表 4.2。

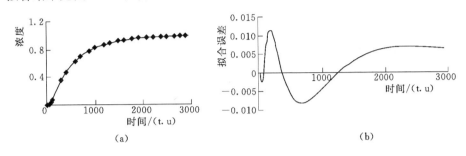

(a)　　　　　　　　　　　　　　(b)

图 4.24　利用 CXTFIT（V2.1）拟合的结果

（a）细实线为拟合曲线，菱形点为浓度数据；（b）拟合误差

表 4.2　　　　　　　　　　　CXTFIT 拟合得到的 D 和 u 值

	D	u
拟合值	1.419	0.07416

本书用商业软件 Feflow5.1 对以上计算结果进行了验证，将上述单裂隙剖分了 1000 个单元，如图 4.25 所示，并使用表 4.2 中的参数，模型左右两端的水头根据下式在 LBM 中求得

$$p = \frac{c^2}{3}\rho$$

$$c_s = \sqrt{\frac{\mathrm{d}p}{\mathrm{d}\rho}} = \frac{c}{\sqrt{3}} = \frac{1}{\sqrt{3}}$$

式中　ρ——某格点处粒子密度。

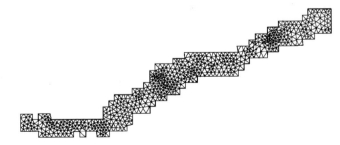

图 4.25　Feflow5.1 中裂隙剖分图

图 4.26 将 Feflow5.1 的模拟结果和 LBM/MMP 结果对比，可以看出两者基本接近，相似度达 0.9 以上，这也证明了 LBM/MMP 混合方法在该模型

中的计算结果是正确的。

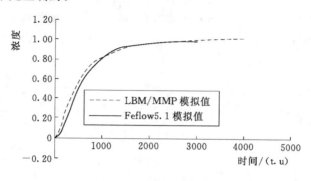

图 4.26　模拟结果对比

4.4.5　小结

数字图像的发展为精确模拟天然裂隙提供了简洁而快速的方法，本书提出了一整套从裂隙图像的采集、边界提取及后期分析的方法。

书中使用的为小尺度裂隙，对于大尺度或大规模裂隙网络则可由其中典型裂隙的分形维数来进行人工构造，然而对计算机的运算能力也是极大的考验。笔者曾尝试用 LBM/MMP 方法计算图 4.17 裂隙网络中溶质运移情况，然而限于计算机运算能力未能成功（CPU P4 1.8GHz，640M 内存）。

单裂隙情况下，运用 LBM/MMP 方法所得结果和运用有限元方法的 Feflow5.1 计算结果基本一致，然而运用有限元法在模型构建上需处理极其复杂的物理边界，LBM/MMP 混合法则充分发挥其复杂边界易处理的优势，在模拟天然裂隙时显得格外方便。

4.5　三维仿天然单裂隙模型的建立

自然界中的裂隙都是以粗糙形式存在的，几乎没有"光滑"裂隙面的存在，随着裂隙水流和溶质运移等研究的开展和深入，用以往单纯的平行板模型已经无法满足实际要求，很多情况下，平行板模型所得的实验及计算结果和实际情况出入较大，且无法重现实际裂隙中水流的运动特征，一系列野外实验结果表明，天然粗糙裂隙中的水流往往呈沟槽流的特点。

一系列研究表明，用一般的函数难以描述天然裂隙面复杂的形态。分形理论可用来描述极不规则的几何图形，而且许多研究都表明，用分形几何来模拟粗糙裂隙面是合理的[93]，Mandelbrot[173]也指出裂隙横截面曲线可用连续的自仿曲线来表征，如图 4.27 所示。常用的方法如随机布朗函数法（Weierstrass - Mandelbrot 函数），如果裂隙面的分形维数为 D，则指数为 H 的随机布朗函数可按下式产生具有分形特性的裂隙面

$$Z(x,y) = \sum_{k=1}^{\infty} C_k \lambda^{-H_k} \sin[\lambda^k (x\cos B_k + y\sin B_k) + A_k] \qquad (4.18)$$

式中　C_k——相互独立的服从标准正态分布的随机数;

　　A_k 和 B_k——相互独立的服从 $[0,2]$ 上均匀分布的随机数;

　　H——指数,$H = 3-D$,D 为裂隙面的分维数。

图 4.27　具有分形特征的自仿曲线[173]

然而该方法具有一系列缺陷:首先,利用式(4.18)所产生的裂隙面是建立在裂隙张开度服从高斯分布的假设之上的,天然裂隙面往往为非高斯粗糙面,呈现强烈的随机特征;其次,对于某一特定区域的裂隙来说,要获得与之相似的模拟裂隙就必须先得到裂隙面的分形维数,实际情况中裂隙面的分形维数较难测定,绝大多数情况下,天然裂隙都是仅仅呈现其横断面,如图 4.28 所示。Vasilios Bako-

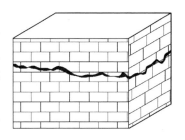

图 4.28　裂隙在自然界中的露头情况

las[174] 和 Zou[175] 提出了非高斯粗糙面的生成方法,且只需知道裂隙的横断面曲线即能得到所需的三维裂隙面。但是由于生成的裂隙面极其复杂,常用的数值模拟方法如有限元法、有限差分法等无法处理这类复杂边界,阻碍了对其进一步的研究分析。本节将进一步改进,以便生成能适合 LBM 水流溶质运移等计算的三维粗糙裂隙,并对其性质进行讨论。

4.5.1　三维格子裂隙面的生成原理

该方法的原理是先将裂隙面横截面曲线离散成一系列等宽矩形条,其宽度大小直接和模拟精度相关,进一步赋予矩形条一个厚度,其大小和宽度相等,其过程如图 4.29 所示,这将简化计算。

裂隙截面曲线的自相似性可以用 Weierstrass - Mandelbrot(W - M)方程的实部来表示[175]

$$z(x) = G^{(D-1)} \sum_{n=n_1}^{\infty} \frac{\cos 2\pi \gamma^n x}{\gamma^{(2-D)n}} \qquad (1<D<2;\ \gamma>1) \qquad (4.19)$$

其相应的功率频谱函数为[176]

$$P(\omega) = \frac{G^{2(D-1)}}{2\ln\gamma} \frac{1}{\omega^{(5-2D)}} \qquad (4.20)$$

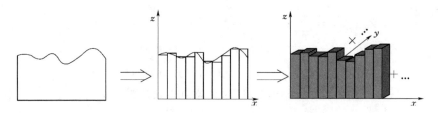

图 4.29　裂隙的三维格子模拟原理

在式（4.19）和式（4.20）中，D 均为裂隙剖面曲线的分维数，其大小介于 1 和 2 之间，这和式（4.18）中的分维数不同，式（4.18）中的 D 为整个裂隙面的分维数，其大小介于 2 和 3 之间。G 为一常数，称为尺度系数，通过 G 可以确定裂隙尺寸和粗糙颗粒之间的绝对比例关系，其大小为裂隙频谱图中垂直坐标上的截距。$\omega = \gamma^n$，γ 是和样品尺寸 L 相关的数，当 n 对应剖面曲线的低截断频率时则有 $\gamma^n \approx \dfrac{1}{L}$。

Weierstrass – Mandelbrot（W – M）方程同样遵守以下关系[175]

$$z(\gamma x) = \gamma^{(2-D)} z(x) \tag{4.21}$$

式（4.19）表示粗糙面是由各种尺度的粗糙元素按照自相似原则叠加而成，于是任意尺度 $l_i = \dfrac{1}{\omega_i}$ 下其结构表示如下[158]

$$z(l_i) = G^{(D-1)} l_i^{(2-D)} \tag{4.22}$$

式（4.22）指出了不同尺度条件下，粗糙结构的垂直高度和尺度的关系。考虑到其按照自相似原则叠加，小尺度的粗糙结构叠加于较大尺度结构之上，如图 4.30 所示，而不同尺度的粗糙结构的高度均可由式（4.16）求得，因此只要给定该自仿系统的最小尺度和最大尺度即能得到裂隙面粗糙结构的高度。

$$h(i) = G^{(D-1)} l_i^{(2-D)} + \sum_{n=1}^{i-1} h_n \tag{4.23}$$

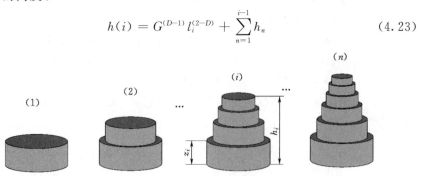

图 4.30　裂隙粗糙结构的自相似叠加[175]

（1）确定粗糙结构的直径。为了生成合适的粗糙结构，需要得出其底部直径。粗糙结构的数量 N 可以由下式确定[175]

$$N(L \geqslant l_{\min}) = \left(\frac{l_{\max}}{l_{\min}}\right)^D \tag{4.24}$$

式中 $l_{\max}$、$l_{\min}$——裂隙剖面上最大和最小粗糙结构的直径。

于是，第 i 个粗糙结构的直径 $l(i)(i=1,2,3,\cdots,N)$ 表示如下

$$l(i) = \left(\frac{l_{\min}}{l_{\max}}\right)\frac{l_{\max}}{(1-R_i)^{1/D}} \tag{4.25}$$

式中 R_i——$[0,1]$ 间的随机数。

（2）确定粗糙颗粒的分布位置。由于粗糙颗粒在裂隙面上呈无序随机分布，其在裂隙面上的坐标 (x_i,y_i) 均可以由两个相互独立的 $[0,1]$ 内的随机数 $ran1$ 和 $ran2$ 产生：

$$\begin{cases} x_i = \dfrac{L}{2} + \cos(ran1 \times 2\pi) \\ y_i = \dfrac{L}{2} + \cos(ran2 \times 2\pi) \end{cases} \tag{4.26}$$

因所有粗糙结构均在所求区域内，且任意两个之间无重叠，需满足以下条件

$$\begin{cases} 0 \leqslant x_i + \dfrac{l(i)}{2} \leqslant L \\ 0 \leqslant y_i + \dfrac{l(i)}{2} \leqslant L \\ \sqrt{(x_i - x_j)^2 + (y_i - y_j)^2} \geqslant \dfrac{l(i)}{2} + \dfrac{l(j)}{2} \\ 0 < j < i \end{cases} \tag{4.27}$$

通过以上步骤能描述裂隙面的粗糙起伏，图 4.31 表示 $D=1.25$，$l_{\min} = 0.1$，$l_{\max} = 20$ 时产生的粗糙裂隙面。虽然此剖面可以用于 FEM 计算，但此无法用于 LBM 数值模拟计算，因为在三维 LBM 系统中，所有模型都是由立方体单元构造完成的，因此还需对所得裂隙面进行格子化处理，具体如下：

式（4.23）所得的高度剖面中包含了整个裂隙面若干个剖面。在其中取出若干剖面的高度函数 $h(i)$，按照图 4.29 的方法将其进行三维扩展，将剖面曲线分割成 n 个小区域，于是每个格子的边长即为 $\dfrac{L}{n}$，同时 n 也是控制精度的一个关键值，取值越大精度越高，于是经过插值运算可以得到 $h\left[i\left(\dfrac{L}{n}\right)\right](i=0,1,\cdots,n-1)$。

然后将这些格子化后的剖面进行拼接即可得到适合 LBM 计算的三维裂隙模型。如果在剖分剖面时，其剖分数目超过高度函数 $h(i)$ 的数据数目的话需进

行插值运算，自行编制的 Matlab 程序 Lattice Surface Generator. m 采用的是 Matlab 中自带的 meshgrid 函数进行插值运算。然而，对数量如此庞大的立方体进行 8 个面的渲染需要耗费大量计算机资源，由于计算机性能限制，本书中只将图 4.31 剖分了 $100 \times 100 \times 2$ 个格子，结果如图 4.32 所示。

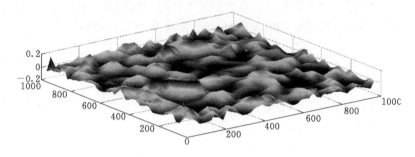

图 4.31　$D=1.25$，$l_{min}=0.1$，$l_{max}=20$ 时产生的粗糙裂隙面

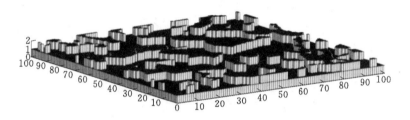

图 4.32　适合 LBM 计算的三维格子裂隙面

4.5.2　小结

　　书中使用的方法只需知道裂隙的某些剖面，根据剖面的分形维数即能模拟出具有类似粗糙度的三维裂隙面，克服了以前方法中需要知道整个裂隙面的分形维数的困难；而为了使其能适应 LBM 三维运算，将其进行了三维格子扩展，但由于计算量庞大，目前模拟精度仍然十分有限。加上三维 LBM 本身运算对计算机性能要求较高，如将其用于实际运算的话，目前的个人电脑还暂时无法胜任。

第 5 章

裂隙水非达西流条件下的水流及溶质运移

5.1 概述

基岩裂隙地下水与介质污染运移机制、规律以及模型方法研究相关，因此成为水文地质学的一个极受重视的领域。然而由于基岩裂隙介质强烈的空间异质性和尺度不确定性[177-179]，其地下水流动及溶质运移十分复杂，裂隙介质中用于水资源量化和污染物迁移的基本理论尚存在问题。传统意义上地下水运动以及其溶质运移的理论基础线性达西定律（Darcy Law）和费克定律（Fick Law），以及由此所导出的对流-弥散方程（Advection - Dispersion Equation，ADE）受到了越来越多的质疑，这种质疑出现在非均质甚至均质多孔介质，且在裂隙介质中表现得尤为明显[180,181]。

线性的达西定律及其在裂隙介质中演变出来的局部立方和定律即裂隙的单宽流量与裂隙开启度的三次方成正比关系（Local Cubic Law，LCL），一直被用于野外和实验中水流的量化。然而在裂隙介质水流研究中发现了与线性定律不符的非线性流[1,182,183]，且一般认为非线性流是由于流速变大时不断增大的惯性项或基岩的粗糙性造成的紊动而引起的[184]。此外，众多研究和工程中发现溶质在迁移的过程中发生了与传统的费克定律描述不相符的非费克现象（Non - Fickian）——即溶质运移随时间的变化不能用质量速度的固定中心与固定的弥散系数来量化，弥散运移的真实性质似乎是运移时间或距离的函数，而这种尺度决定的溶质迁移行为被称为"非费克"运移。如何对裂隙系统中溶质 Non - Fickian 运移现象进行理论上的解释和拟合是目前一个至关重要的问题。传统用来解释溶质运移的对流弥散方程 ADE 方程和模拟 Non - Fickian 现象的数值模型都是基于线性水流的基础上的[185,186]。对于非线性水流状态下的溶质运移以及水流的非线性和溶质运移的 Non - Fickian 现象之间联系的实验和机理研究都尚有不足[187]。

单裂隙是组成裂隙网络的最小单元，也是研究裂隙介质的基础。单裂隙介质渗流和溶质运移的研究为网络裂隙的相关研究提供了理论基础。影响裂隙渗流的因素众多，包括裂隙介质本身的特征如裂隙倾角、裂隙面的粗糙度、开启度、充填情况、应力作用、饱和度等；还有渗流流体的特性，如流体的密度和黏度、毛细作用、界面张力等。其中，影响裂隙水流的主要因素有粗糙度和开启度。

5.2　裂隙水非达西流水流及溶质运移实验

5.2.1　物理模型

我们自制了以有机玻璃板为主要材料的水平裂隙，物理模型的简要示意如图 5.1 所示。

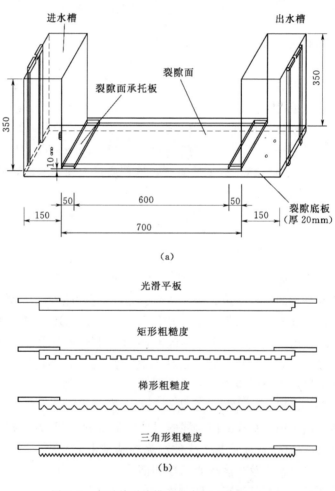

图 5.1　水平单裂隙模型示意图（单位：mm）
（a）主体裂隙构造图；（b）可更换板件

5.2.2　模型主要参数及配件

对于平行板单裂隙，选择了平均隙宽为 9mm、7mm、6mm 和 4mm 的四种隙宽；实验的水力梯度为 0.0005～0.0084；进水槽至进样处的距离和取样处距出水槽的距离均为 100mm；其他参数和实验所用到的仪器见表 5.1。

表 5.1　　　　　　　　　　　主 要 实 验 器 材

名　　称	型　　号	备　　注
玻璃转子流量计	LZJ－6	常州热工仪表厂
电子天平	FA2004N	上海精密科学仪器有限公司
温度计	精确度为 0.1℃	
量筒	250mL、1000mL	广州翔达教学仪器公司
电导率仪	DDS－307，电极常数 0.97	上海精密科学仪器有限公司
注射器	5mL、2mL、1mL	医用一次性
秒表	精确度为 0.1s	
数码相机	Canon EOS 500D	佳能
亮蓝	分子式：$C_{37}H_{34}Na_2N_2O_9S_3$	

水平单裂隙的四种物理模型中，模拟裂隙粗糙面的有机玻璃板件的剖面分为三角形、梯形和矩形这三种，此外以光滑有机玻璃板模拟光滑平板裂隙作为对照，如图 5.2 所示。每种形状对应有四个不同凸起度，分别为：A—凸起度为 8mm；B—凸起度为 6mm；C—凸起度为 4mm；D—凸起度为 2mm。

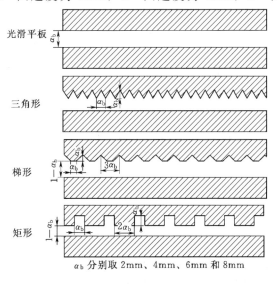

图 5.2　水平裂隙不同试件示意图

平均隙宽采用裂隙容水体积与渗径之比,相对粗糙度采用凸起度与水力直径之比。这样会得到共 16 组不同的平均隙宽和相对粗糙度,具体的平均隙宽和粗糙度的数值可见表 5.2。其他试件的名称、裂隙面形状及尺寸见表 5.2。需要说明的是,实验隙宽的最大值为 10mm,在计算相对粗糙度时,有的表示为 Δ/b_{max},也有 Δ/b,我们这里选择的是凸起度与水力直径之比即 $\Delta/2b$,在后面的计算和比较时不再加以说明。此外,为了进行比较,我们通过加垫片的方法把平板裂隙的平均隙宽调整为和梯形与矩形的隙宽几乎相等的值。实验段裂隙的长度和宽度分别为 0.6m 和 0.18m。实验水温在 10℃左右,水动力黏滞系数为 $1.308 \times 10^{-3} \text{Pa·s}$。

表 5.2　　　　　　各裂隙试件对应的隙宽及相对粗糙度

试件名称	最大隙宽 b_{max}/mm	平均隙宽 b/mm				相对粗糙度($e=\Delta/b_{max}$)			
		A	B	C	D	A	B	C	D
平板	10	4.7	6.0	7.3	8.7	0	0	0	0
三角形		6.0	7.0	8.0	9.0	0.8	0.6	0.4	0.2
梯形		4.67	6.00	7.34	8.67	0.8	0.6	0.4	0.2
矩形		4.67	6.00	7.34	8.67	0.8	0.6	0.4	0.2

5.2.3　水平单裂隙实验主要方法

实验原理:通过调节进水端和出水端的水箱来调整进水和出水的水头高度,水流稳定后用量筒测定裂隙出口处的流量,计算出裂隙中的流速;通过测压管,记录进出口水头。利用所得水流数据进行流态分析,描述方程分析、阻力与阻力系数分析等,并将水流特征与数值模拟结果相比较,进一步阐述水平单裂隙介质的渗流特性。根据水流流速与水力梯度关系数据,分别选取达西区、达西-非达西过渡区、非达西区段的三个水力梯度。在每个水力梯度下分别进行瞬时示踪和连续示踪实验,用数码相机获取溶质运移的显色图片,通过分析图像信息,得到溶质运移的浓度分布以及浓度随时间的变化规律,从而得到穿透曲线(BTC)并运用相关模型如 ADE 和 CTRW 加以分析。通过分析和拟合穿透曲线,总结非费克运移的特性。分析粗糙裂隙介质中溶质非费克运移的影响因素,总结溶质非费克运移的规律,揭示不同水流状态下溶质运移机理。

根据实验原理,水平单裂隙流水流实验的步骤如下。

(1)按图 5.2 将模型连接好,将一块有机玻璃凹凸板(见图 5.3)契合到模型主体里,将结合处涂上有机玻璃胶,在玻璃胶硫化前用刀片认真修整,24h 后玻璃胶可完全固化,通水,检查黏合处模型是否漏水,若漏水将水弄干后再涂胶,直到模型不漏水才能进行实验。

图 5.3　裂隙板件实物及局部放大图

(参见文后彩图)

（2）接通进出溢流水箱，使水流稳定均匀通过单裂隙沟槽流模型，去除水中释放出来的气泡，以确保裂隙凹槽饱和状态。稳定出水水箱高度，仔细调节进水水箱高度使裂隙中的水位保持稳定，并记下流量与裂隙两端的水位以及水头差；调节进水水箱高度重复实验并记录以判别流态的变化规律。

（3）在进行示踪实验之前首先要进行标准曲线实验，配制一系列已知浓度的亮蓝溶液（0~24mg/L）各 2L，将溶液从进水槽慢慢倒入模型主体中（避免产生气泡），调整好照明系统及摄影系统后拍照，记录各浓度对应的照片编号；通过成像法得到标准曲线。

（4）做示踪实验时预先根据此块板子的水流平均流速 V 与水力梯度 J 之间的 $V\text{-}J$ 曲线选择 3 组水力数据，调节进水溢流槽的高度，待水流稳定后用量筒和秒表测量流量。

（5）瞬时示踪：用针管吸取 1mL，浓度为 1.2g/L 的示踪剂，将示踪剂从进水槽瞬时注入，同时按下外接快门键连拍，连拍的速度可达到 3~4 张/s。

通过上述步骤，即完成了一次水流溶质运移实验。更换不同的板子重复上述步骤即可进行多次实验，研究不同形状、不同隙宽条件下的溶质运移规律（注：每块板子都要做一系列标准样品进行校正）。

本实验选用亮蓝作为溶质运移的示踪剂，采用随数字成像技术发展起来的数字图像识别方法进行溶质运移研究实验，图像直观且易采集。此外可以避免在传统定点取样时造成对水流的扰动。

选择合适的溶质运移浓度是实验的关键，如果选择的浓度太高，不仅成本高，还会因为水流混合作用时间过长而影响溶质运移实验，甚至出现底部沉降现象；但如果浓度太低，又会影响溶质在光源直射下的成像效果（在强光下比在自然光下颜色偏淡）。为此，实验开始之前，我们配制了一系列的亮蓝溶液进行初试，瞬时示踪采用 1200mg/L 的亮蓝溶液进行（每次注入 1mL）。

5.2.4　成像技术应用

自制灯箱由并排放置在固定纸箱顶部的 13 根长度为 72cm 的 T4 灯管以及与灯管两端相连的镇流器组成，灯管之间排列紧密，以尽量避免光源强度的不均匀，并排后灯管的宽度为 18cm。为了减少其他光源对于实验的影响，我们使用遮光布用来遮住实验室窗户以避免外界光源对摄影效果的影响，并且关闭日光灯后，将实验室作为自制的数码暗房使用。成像实验过程中的唯一光源由灯箱提供。

实验时，将灯箱放置于模型主体正下方，距模型主体底部的有机玻璃板 10cm。接通镇流器电源后，灯管发出的光均匀地散布在模型主体的透明有机玻璃板上。

成像系统的图像分析部分分为图像获取和图像处理两个主要部分。本次图像获取通过相机（佳能 EOS 500D）采集，相机固定在三脚架上，调节三脚架高度使相机镜头离模型主体约 65cm 为宜，相机垂直于模型玻璃板，镜头焦点对准模型主体正当中。

选用每组示踪实验或标准样品实验的背景值，即充满水的裂隙面对图像进行校正。对于理想的修正方法而言，被均一染色的物体在同样的拍摄条件下拍出的图像，在修正后会达到颜色的均一，也就是说图像的噪点相同。为了检验这种方法是否理想，用含有示踪剂的图像（修正后）减去当组实验的背景图像，用 Matlab 图像相减的命令实现，两幅图像相减后只剩下染料示踪剂导致的裂隙面的颜色变化，没有多余的噪点出现，见图 5.4。

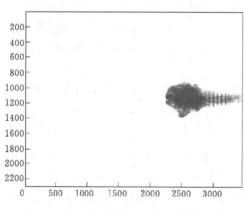

图 5.4　校正后的图像与背景图像的差值
（参见文后彩图）

量化图像颜色与染料浓度关系的数学模型主要有如下几种。

（1）Forrer 将浓度 C_s 的对数表示成关于 RGB 值的二次多项式[135]：

$$LogC_s = a' + b'R + c'G + d'B + e'R^2 + f'G^2 + g'B^2 + h'RG + i'RB + j'GB$$

$$(5.1)$$

其中 $a' \sim j'$ 是实验所得参数。

（2）此外，Persson 利用人工神经网络的方法得出了 RGB 的值和浓度 C_s 的关系式，二者呈线性关系[136]：

$$C_s = a'' + b''R + c''G + d''B + e''R^2 + f''G^2 + g''B^2 + h''RG + i''RB + j''GB$$

$$(5.2)$$

其中 $a'' \sim j''$ 是实验所得参数。

（3）通常，RGB 值中的 R 值与浓度的相关性最强[136]，我们将实验得到图像的 R 值与浓度 C_s 的关系进行了多项式拟合。

为了选用一种适用且精度较高的数学模型作为计算本研究颜色-浓度标准曲线的模板，用三种方程分别拟合同一组标准样的 RGB 数据，模拟结果采用决定系数 r^2 和均方根误差 RMSE 表示模拟值和实测结果的拟合程度好坏。

拟合结果为：式（5.1）拟合 $r^2 = 0.902$，RMSE $= 2.408$，且拟合手段较为复杂；式（5.2）拟合 $r^2 = 0.993$，RMSE $= 0.625$，拟合手段较为复杂；二次多项式拟合（R 值）：$r^2 = 0.990$，RMSE $= 0.757$，且拟合手段简单，通过 Excel 即可实现。通过比较发现，二次多项式拟合（R 值）的方法实现简单，且精度较高，故本次拟合选取该手段进行。

每组实验的裂隙板由于厚度、粗糙度的不同，同样浓度的溶液在介质中呈现出的色度是不一样的，并且做每块板子对应的裂隙实验时，相机的白平衡都是重新校正的，不能达到条件的完全一致性，因此每块板都要做标准曲线。各组标准曲线的拟合关系式见表 5.3。

表 5.3　　　　　　　　各 组 裂 隙 标 准 曲 线

裂隙面名称	浓度－R 值关系方程	决定系数 r^2
矩形 A	$C_s = 0.0010 \times R^2 - 0.6442 \times R + 97.31$	0.995
矩形 B	$C_s = 0.0007 \times R^2 - 0.3693 \times R + 50.92$	0.998
矩形 C	$C_s = 0.0012 \times R^2 - 0.8386 \times R + 133.6$	0.990
矩形 D	$C_s = 0.0007 \times R^2 - 0.3693 \times R + 50.92$	0.998
梯形 A	$C_s = 0.003 \times R^2 - 1.670 \times R + 230.9$	0.992
梯形 B	$C_s = 0.0014 \times R^2 - 0.9311 \times R + 144.2$	0.993
梯形 C	$C_s = 0.0003 \times R^2 - 0.3572 \times R + 67.70$	0.992

续表

裂隙面名称	浓度－R 值关系方程	决定系数 r^2
梯形 D	$C_s = -0.0006 \times R^2 - 0.101 \times R + 67.78$	0.995
平板 A	$C_s = -0.0008 \times R^2 + 0.0506 \times R + 34.98$	0.990
平板 B	$C_s = 0.0007 \times R^2 - 0.6243 \times R + 107.4$	0.991
平板 C	$C_s = 0.0014 \times R^2 - 0.7719 \times R + 106.6$	0.992
平板 D	$C_s = 0.0008 \times R^2 - 0.489 \times R + 74.03$	0.991

5.3 裂隙水非达西流数值模拟

本次水流渗流的描述及溶质运移的模拟过程中，除了使用 Matlab 软件（Matlab 7.0）进行水流渗流和沿程阻力及阻力系数分析外，还将应用 Fluent 软件基于 N－S 方程对水流渗流进行模拟，应用 CXTFIT2.1 软件[90]进行 MIM 模拟分析，通过对实验结果的拟合分别得到模型参数 D_m、β_1 和 ω。应用 CTRW 的 Matlab 计算工具箱进行 CTRW 中的 TPL 和 ADE 拟合（http：//www.weizmann.ac.il/ESER/People/Brian/CTRW/)[91]。其中 ADE 模型共有两个参数需要拟合（V_A 和 D_A)，CTRW 模型中共有 5 个参数需要拟合（t_1、t_2、v_ψ、D_ψ 和 β_2)。

对于模拟结果分析，我们采用决定系数 r^2 和均方根误差 RMSE 这两个指标评价，分别为

$$r^2 = 1 - \frac{\sum\limits_{i=1}^{N}(C_{io} - C_{ie})^2}{\sum\limits_{i=1}^{N}(C_{io} - \overline{C_{io}})^2} \tag{5.3}$$

$$\text{RMSE} = \sqrt{\frac{1}{N}\sum\limits_{i=1}^{N}(C_{ie} - \overline{C_{io}})^2} \tag{5.4}$$

式中　C_{ie}——模拟浓度值；

　　　C_{io}——实测值；

　　　$\overline{C_{io}}$——实测浓度的平均值；

　　　N——某一点处实测浓度数据的个数。

其中的 Fluent 软件是由美国 FLUENT 公司于 1983 年推出的 CFD 软件，是目前功能最全面、适用性最广、国内使用最广泛的 CFD 软件之一。它提供了非常灵活的网格特性，可以采用非结构化网格，包括三角形、四边形、四面体、金字塔形等来解决具有复杂形状的流动，甚至可以采用混合型非结构网格。它允许用户根据具体情况对网格进行粗化或者细化。Fluent 可用于二

维、三维流动分析，可用于多种参考系下的流场模拟、定常与非定常流动、可压与不可压流动化学组分混合与反应分析以及多孔介质分析等。

Fluent 提供用户多种边界条件，如流动进出口边界条件、壁面条件等。此外，Fluent 提供了用户自定义的子程序功能，可以让用户自行设定连续性方程、动量方程和能量方程中的体积源项，自定义初始条件、边界条件、流体的物理性质、添加新的标量方程以及多孔介质模型等。正是由于 Fluent 软件具有丰富的物理模型、先进的数值方法以及强大的前后处理功能，使其在航空航天、石油天然气等方面都有着广泛的应用。综上所述，对于不可压流动来说，Fluent 是很理想的模拟软件。因此，采用 Fluent 软件进行模拟是合理的[5]。

Fluent 软件包主要由以下几个部分组成：前处理器，Gambit 用于网格生成，是具有超强组合建构模型能力的专用 CFD 前处理器；求解器，是流体计算的核心，根据专业领域不同分为 Fluent4.5、Fluent6.2.16、Fidap、Polyflow、Mixsim、Icepak，其中，Fluent6.2.16 是应用最为广泛的，既可以使用结构化网格，也可使用非结构化网格；后处理器，Fluent 自身就附带有较强大的后处理功能。对于较高要求的用户可以采用专业的后处理器，如 Tecplot。

Fluent 求解问题的步骤[5]主要包括：根据具体问题选择 2D Fluent、3D Fluent 求解器，从而进行数值模拟；导入网格；检查网格；选择计算模型；确定流体物理性质；定义操作环境；指定边界条件；求解方法的设置及控制；流场初始化；迭代求解；检查结果和保存结果，进行后处理这几大部分组成。

本次研究应用了 Fluent 软件建立了水平光滑和粗糙裂隙水流数值模拟模型，以期研究基于求解 N－S 方程情况下，水平裂隙介质中的水流渗流特征，并与相关的实验结果进行对比。

5.3.1　控制方程

Fluent 对于所有都遵从质量、动量和能量守恒。本书不涉及热量交换，所以不考虑能量守恒。由于本次模拟采用的是二维，故方程可表示为

$$\frac{\partial u}{\partial x}+\frac{\partial v}{\partial y}=0 \tag{5.5}$$

$$\rho\left(\frac{\partial u}{\partial t}+u\frac{\partial u}{\partial x}+v\frac{\partial u}{\partial y}\right)=\frac{\partial P}{\partial x}+\mu\left(\frac{\partial^2 u}{\partial x^2}+\frac{\partial^2 u}{\partial y^2}\right) \tag{5.6a}$$

$$\rho\left(\frac{\partial v}{\partial t}+u\frac{\partial v}{\partial x}+v\frac{\partial v}{\partial y}\right)=\frac{\partial P}{\partial y}+\mu\left(\frac{\partial^2 v}{\partial x^2}+\frac{\partial^2 v}{\partial y^2}\right) \tag{5.6b}$$

5.3.2　网格划分

数值计算关键在于建模，可以说网格划分的质量是决定模拟的重要因素之一。网格类型主要分为结构网格和非结构网格。Fluent 软件采用两种类型

结合的方式进行网格划分：非结构网格划分虽然生成过程较复杂，但适应性很好，尤其体现在处理复杂外形的网格划分时；而结构网格则适应于结构简单的模型，具有构建方便、容易计算、占用内存小等特点。非结构化网格可通过专门的生成程序或是软件来完成。

本次模拟直接用 Fluent 提供的专用网格软件 Gambit 创建网格，选择结构化网格方法，进行二维网格划分。凹凸不平的一侧网格定义密一些，光滑面定义的疏一些。当网格生成后还需对网格进行优化，使网格更加光滑[5]。这里我们对最大凸起度（即隙宽最小时的情况）的情况加以说明，选择具体网格划分见图 5.5。

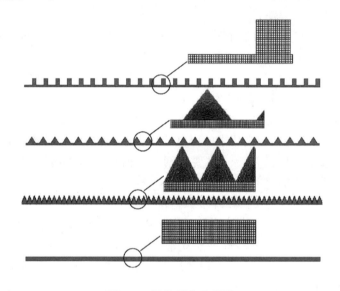

图 5.5　网格划分示意图

5.3.3　边界条件设定

流体力学问题的计算结果不仅取决于所采用的支配方程和物理参数，也取决于所采用的数值格式和数值边界条件，若边界条件处理不当将会引起计算结果的不精确或求解过程的不稳定。Fluent 提供了 10 种类型的流动进、出口条件。本次模拟选定速度入口、压力出口边界，需给定速度（单位 m/s）、湍动强度和水力直径（单位 m）。

5.3.4　模型求解

Fluent 在计算前需要选择求解器精度。Fluent 求解器分为：二维单精度、三维单精度、二维双精度和三维双精度。单精度求解器求解速度快、占用内存少，一般情况下选择单精度计算已经足够用。本次模拟的计算域长 600mm、最大隙宽 10mm，单精度已经能够满足计算需求，故选择单精度二维解法器。

将 Gambit 处理已划分好的模型导入 Fluent 中。网格质量是模拟计算的关键所在，当 Fluent 读取成功后，需对网格的质量进行检查，以便确定是否可直接用于 Fluent 求解。Fluent 会自动完成网格的检查，同时工作窗口会显示计算域、面、节点的统计信息。一定要确保网格中最小体积不能出现负值，否则将无法计算。由于本次模拟的网格采用的是三角形或四边形，所以检查网格无任何问题后，将三角形和四边形网格进行光滑处理。最终得到质量较好的网格进行计算。

Fluent 提供了三种计算方式，即分离求解器、耦合显式求解器和耦合隐式求解器。这三种计算方式都可以给出精确的计算结果，只是针对某些特殊问题时，某种计算方式比其他两种方式更快一些。

分离求解和耦合求解的区别在于求解连续、动量、能量和组分方程的方法有所不同。而耦合求解是用求解方程组的方式，同时进行计算并最后获得方程的解。两种求解法的共同点是，在求解附带的标量方程时（如计算湍流模型），都是采用单独求解的方式，就是先求解控制方程，再求解标量方程。耦合显示和耦合隐式的区别在于线化耦合方程的方式不同。分离求解一般用于不可压缩或弱可压缩流的计算，计算收敛速度快；耦合求解则通常用于高速可压缩流计算。而在 Fluent 中，两种方式都可以用于压缩和不可压缩流动计算，只是在计算高速可压缩流时耦合方式的计算结果要好些[5]。本次模拟中采用收敛速度快的分离求解器进行运算，这样既可以节省计算时间，又可以提高计算精度。

Fluent 中提供三种湍流模型：Spalart - Allmaras 模型、k-ε 模型、k-w 模型。裂隙水是大雷诺数的湍流运动，标准 k-ε 模型具有稳定性、经济性和比较高的计算精度。梁敏比较了粗糙裂隙中雷诺数在 300 时上述各模型的应用，得出标准 k-ε 模型较优的结论[137]。故本次模拟采用最为广泛的标准 k-ε 模型。标准 k-ε 模型通过求解湍流动能（k）方程和湍流耗散率（ε）方程，得到 k 和 ε 的解，然后再用 k 和 ε 的值计算湍流黏度，最终通过 Boussinesq 假设得到雷诺应力的解。本次模拟主要研究裂隙中的水流特性。因此只需对液体进行物理属性参数赋值，水的密度为 998.2kg/m³，动力黏滞系数为 1.308×10^{-3}Pa·s，其他保留默认设置。

边界条件分别采用速度入口边界条件、压力出口边界条件。在速度入口边界条件中，除了对速度赋值外，还需对湍流强度和水力直径赋值。本次模拟中，温度设为常温，湍流强度和水力直径通过计算得到。出口边界条件中要保证压力为 0，尾流湍流强度和尾流水力直径与入口一样。

在开始迭代前，必须先进行流场初始化。所谓的初始化就是给流场参数赋予一个初始值，即迭代计算的一个起点。初始化流场通常有两种方式，可以初始化流场边界，也可以直接初始化流场变量。本书采用入口速度初始化流场。

本书的收敛条件设为：连续性、X 方向速度、Y 方向速度、湍流动能（k）、湍动耗散率（ε）。

初始化结束后开始进行迭代计算（若想计算精度高可以调整迭代次数）。在计算过程中，可以绘制残差曲线。大多数情况下，根据残差曲线图判断计算是否收敛。但是通过残差值判断收敛可能会在某些问题中得出错误的结论。因此，为了保证计算的准确性，不仅通过残差值，还通过检查进出口的物质和能量是否守恒的方法来判断计算是否收敛。一般除了能量的残差值之外，其他变量的残差值降到 10^{-3} 以下就认为计算收敛。本次模拟采用残差控制面板和监测面流量控制共同判断收敛性。

本次研究应用了 Fluent 软件，建立了水平裂隙（包括光滑和分别具有矩形剖面、梯形剖面和三角形剖面的粗糙裂隙）水流二维数值模拟模型，通过数值模拟研究基于 N-S 方程的水平裂隙介质中的水流渗流特征，并与相关的实验结果进行对比。

5.3.5　裂隙水流场模拟

本书采用 Fluent 软件中的二维模型模拟光滑裂隙，矩形、梯形和三角形剖面粗糙单裂隙中的水流运动，其中裂隙段的长度和宽度分别为 0.6m 和 0.18m，绝对粗糙度 Δ 分别为 2mm、4mm、6mm、8mm。相关物理参数均根据实验条件进行设置，所模拟的裂隙入口速度为实验中的平均流速。由于各模型在相同条件下的变化规律基本一致，在此列出入口速度为 0.12m/s 时，不同绝对粗糙度下的水流特征的数值模拟结果，具体见图 5.6～图 5.9。

5.3.6　拟合结果分析

为了检验模型的拟合精度，我们选取了残差分析指标进行了判定，由于数据呈较为一致的变化规律，此处选择光滑平板裂隙流速为 0.051m/s 和三角形剖面裂隙 $\Delta=2$mm、流速为 0.053m/s 时的情况进行演示（见图 5.10）。

从图中可以看出，残差值在 10^{-5} 左右，且残差收敛较好，说明了模型的拟合精度较高。图 5.6～图 5.9 为数值模拟所得速度分布云图和对应的物理模型示意图。其中，光滑裂隙中的流速分布情况比较稳定，不同之处在于随着隙宽的减小，高速流动区域的宽度（图中红色区域的宽度）在逐渐变小。粗糙裂隙中的水流运动特征与光滑裂隙中的情况有着很大的不同，随着 Δ 的增大，隙宽的变小，粗糙元对于水流的影响愈加明显。以三角形剖面裂隙中的情况为例，当 $\Delta=2$ 时，粗糙元中只有很少部分的区域有回流的现象，裂隙中的高速流动区域的范围较大，且分布连续；当 $\Delta=4$ 时，粗糙元中大部分的区域有回流的现象，裂隙中的高速流动区域的范围（图中红色区域的范围）变

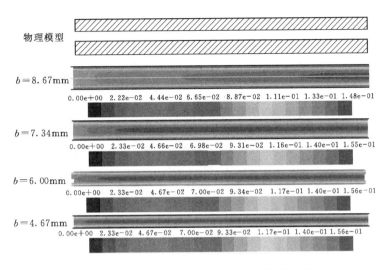

图 5.6　光滑平板裂隙数值模拟速度分布云图
（参见文后彩图）

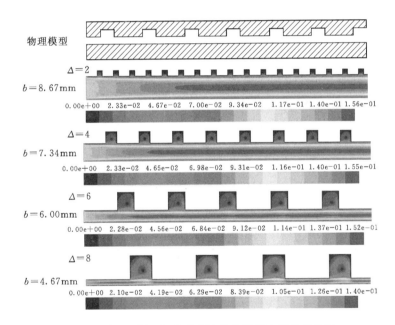

图 5.7　矩形剖面粗糙单裂隙数值模拟速度分布云图
（参见文后彩图）

小，但是分布仍连续；当 $\Delta=6$ 时，粗糙元中大部分的区域有回流的现象，裂隙中的高速流动区域的范围（图中红色区域的范围）继续变小，且分布不连续，出现了分段的情况；当 $\Delta=8$ 时，粗糙元中绝大部分的区域有回流的现

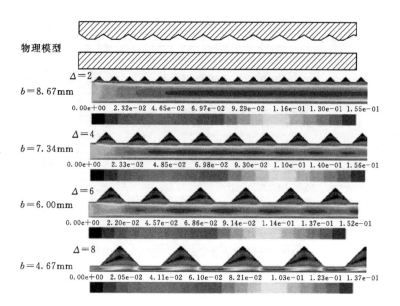

图 5.8　梯形剖面粗糙单裂隙数值模拟速度分布云图
（参见文后彩图）

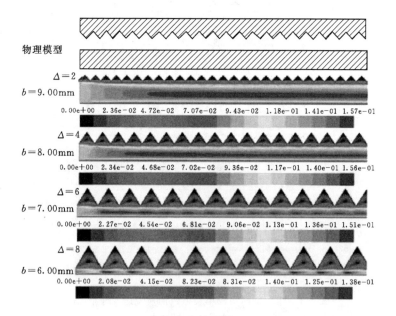

图 5.9　三角形剖面粗糙单裂隙数值模拟速度分布云图
（参见文后彩图）

象，裂隙中的高速流动区域的范围（图中红色区域的范围）继续变小，且分布极不连续，分段现象明显。

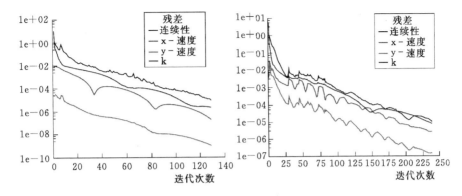

图 5.10 残差分析结果
（参见文后彩图）

总结粗糙裂隙水流分布特性可知：①因粗糙元形成的沟槽中存在明显的回流现象，水流出现涡流；且随着绝对凸起度的增加，沟槽中的回流区域和涡流强度都有逐渐增大的趋势。②受粗糙元的影响，裂隙主通道（裂隙底部与粗糙元底部所构成的区域）中的水流状况受到裂隙粗糙度的干扰；随着 Δ 的增大，水流的非线性流越明显，且随着裂隙元的疏密度的增大，裂隙水流的受干扰程度亦加大，非线性流更加明显。

这些现象与之前阻力系数和单宽流量分析中所提到的影响裂隙水流分布的裂隙特征：如粗糙元的绝对凸起度、粗糙元的结构、粗糙元的疏密度和流线再附区长度相结合。其中，粗糙元的固有结构（此处有矩形、梯形和三角形三种分析）对水流分布有着较大影响；粗糙元的疏密度和绝对凸起度同样对水流的渗流特性有着较大影响。为了分析粗糙元中水流呈涡旋现象的情况，我们选取了三种粗糙元在 Δ 最大（8mm）、流速在 0.12m/s 时的情况，列出了其速度分布云图和矢量图，具体如图 5.11 所示。图中右侧为矢量图和粗糙元内的局部水流矢量图放大图。

从图 5.11 中可以看出矩形剖面裂隙中粗糙元内的回流现象较为明显，几乎所有的流线都处于回流的漩涡状态，其他两种情况下的回流相对少一些，但是漩涡仍然很明显。其他参数一定的条件下，我们可以用水流进入粗糙元的进入角来分析其回流现象，矩形剖面的进入角为 90°，所以其回流强度最大。由于梯形和三角形的进入角相差不大，因此二者回流强度相当，但是均小于矩形的情况。

为了定量的分析各粗糙元结构下和同一粗糙元不同凸起度情况下流速的变化趋势，我们绘制了不同裂隙面速度沿水流方向变化曲线和不同粗糙度下矩形裂隙面速度变化曲线，具体如图 5.12 和图 5.13 所示。

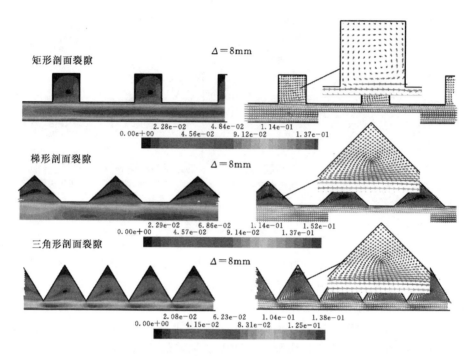

图 5.11　水平粗糙裂隙粗糙元内漩涡分布图

（参见文后彩图）

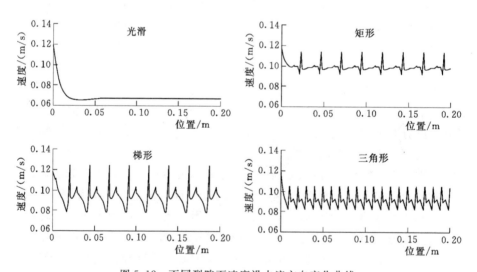

图 5.12　不同裂隙面速度沿水流方向变化曲线

图 5.12 为绝对粗糙度为 8mm 时三种形状的粗糙元构件裂隙面以及光滑裂隙面中流速大小，可以看出：在相同粗糙度相同的情况下，光滑裂隙的水流流速快速下降，且下降后的变化幅度很小；水流速度变化的波动幅度以梯

形最为剧烈，这可能是因为梯形粗糙突起处的面积和间距较大；三角形和矩形剖面裂隙幅度相差不大，但三角形分布由于较为密集，较矩形波动周期较短，但三角形剖面裂隙中水流流速比矩形剖面的小，说明粗糙元的疏密度相对于粗糙元结构对水流的影响更大。

图 5.13 为不同粗糙度下矩形裂隙面速度变化曲线。裂隙段进口处流速为 0.12m/s，沿水流方向逐渐变小，到达一定距离后，流速趋于稳定，但是流速在突起处变化剧烈；随着 Δ 增加，隙宽减小量增大，使得流速变大的幅度也在增大。

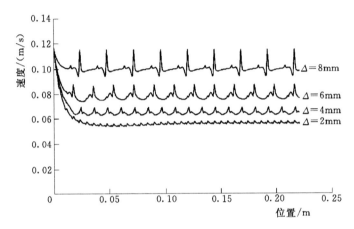

图 5.13　不同粗糙度下矩形裂隙面速度变化曲线

5.4　裂隙溶质运移模拟

5.4.1　示踪实验及 BTC 分析

为了能更加直观的观察和更为精确的分析单裂隙溶质运移的特性，选用了显色试剂亮蓝作为示踪剂进行了瞬时示踪实验。我们选择了水平光滑裂隙、水平矩形剖面粗糙裂隙和水平梯形剖面粗糙裂隙的示踪实验作为展示，分别分析了 55.5cm 处，平均隙宽 $b=6$mm，流速分别为 9.7mm/s、55.1mm/s 时（水平光滑裂隙），流速分别为 44.3mm/s、71.0mm/s 时（矩形剖面粗糙裂隙）和流速分别为 20.5mm/s、51.2mm/s（梯形剖面粗糙裂隙）时的示踪实验，如图 5.14～图 5.16 所示。

从图 5.14 中可以看出，光滑平板裂隙中流速较小时（见左图，$V=9.7$mm/s），污染羽基本上是以整体缓慢推移的形式往前运移，但是污染羽内部的各点颜色深浅并不相同，说明此时的示踪剂尚未充分混合。此时的横向扩散比较明显，示踪剂稀释的速度较快，在分子扩散的时候出现了一些不规则的运移，尾部有较为明显的拖尾。当流速较大时（见右图，$V=55.1$mm/s），污染羽依

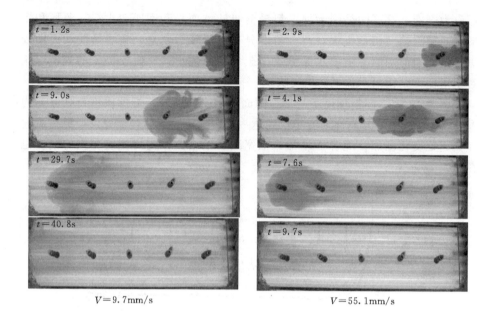

图 5.14　水平光滑裂隙示踪实验污染羽分布示意图

（参见文后彩图）

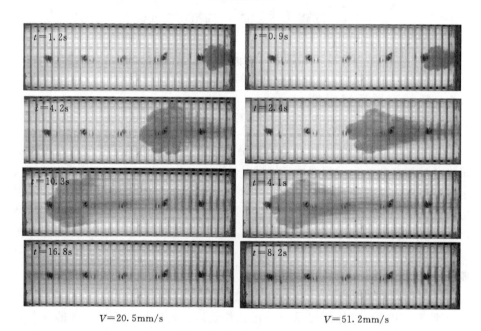

图 5.15　梯形剖面粗糙裂隙示踪实验污染羽分布示意图

（参见文后彩图）

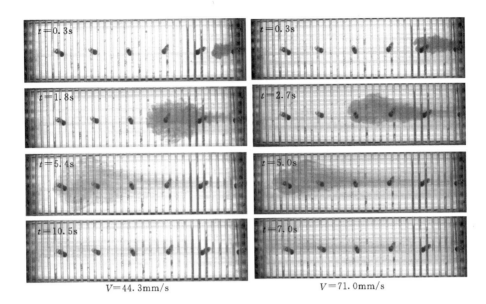

图 5.16　水平矩形剖面粗糙裂隙示踪实验污染羽分布示意图
（参见文后彩图）

然以类似正态分布的形状向前运移，不过此时的分子扩散所导致的横向扩散现象明显减弱，同样污染羽内部的各点浓度并不相同且出现了较为明显的拖尾现象。

　　图 5.15 向我们展示了梯形剖面粗糙单裂隙示踪实验污染羽的分布示意图，除了具有同光滑平板裂隙中一样的整体推移和横向扩散的特征外，不同之处有：污染羽峰面的曲线比光滑平板裂隙中要粗糙，呈锯齿状，说明此时污染羽中各点不仅浓度不同且每点的运移速率也不一样；此外，示踪剂在粗糙元造成的槽中有明显的滞留，滞留部分的溶质在槽内部随着水流的漩涡在作长时间的回旋运动，且滞留的时间较长。

　　图 5.16 为水平矩形剖面粗糙裂隙中示踪剂污染羽运移情况，从图中我们可以发现此时的运移特征基本与梯形剖面粗糙单裂隙中一致，只是运移的不规则程度较之更大，拖尾和滞留的现象更为明显。我们同期进行了三角形剖面粗糙裂隙中的示踪实验，由于实验的结果与梯形剖面粗糙单裂隙的类似，本书不再列出。

5.4.2　水平裂隙 BTC 拟合分析

　　如上所述，我们选用了 TPL 模型对水平光滑裂隙和水平矩形剖面粗糙裂隙的 BTC 进行了拟合，并结合 ADE 模型进行了对比。拟合的结果和相关参数见图 5.17、图 5.18 和表 5.4、表 5.5。

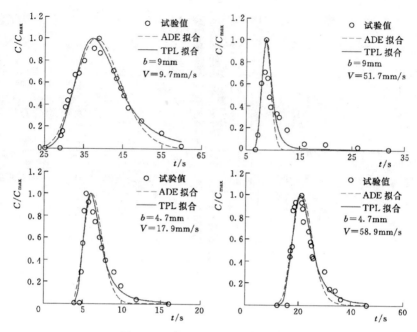

图 5.17　水平光滑裂隙 BTCs 拟合

（参见文后彩图）

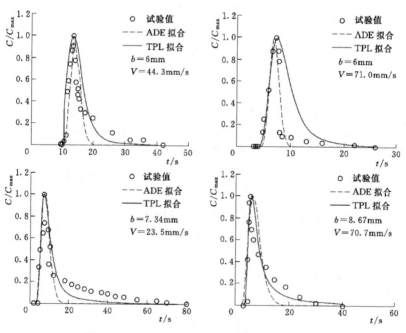

图 5.18　水平矩形剖面粗糙单裂隙 BTCs 拟合

（参见文后彩图）

表 5.4　水平光滑裂隙 BTC 拟合参数

b /mm	V /(mm/s)	ADE				TPL						
		V_A /(mm/s)	D_A /($\times 10^{-4}$ m²/s)	r^2	RMSE	lg(t_1)	lg(t_2)	v_ψ /(mm/s)	D_ψ /($\times 10^{-4}$ m²/s)	β_2	r^2	RMSE
4.7	17.9	25.2	2.16	0.932	0.165	−1.26	9.92	38.9	0.390	1.60	0.963	0.0895
	58.9	84.8	8.00	0.891	0.172	−2.15	8.63	178.4	1.790	1.43	0.951	0.103
9.0	9.7	14.0	0.86	0.943	0.133	−1.50	18.70	25.9	0.262	1.51	0.974	0.0537
	51.7	62.5	1.72	0.924	0.172	−3.04	7.83	141.2	1.430	1.41	0.988	0.0428

表 5.5　水平矩形剖面粗糙单裂隙 BTC 拟合参数

b /mm	V /(mm/s)	ADE				TPL						
		V_A /(mm/s)	D_A /($\times 10^{-4}$ m²/s)	r^2	RMSE	lg(t_1)	lg(t_2)	v_ψ /(mm/s)	D_ψ /($\times 10^{-4}$ m²/s)	β_2	r^2	RMSE
6.00	44.3	61.0	0.12	0.881	0.221	−2.62	8.60	365.2	3.72	1.05	0.962	0.1210
	71.0	71.9	0.21	0.904	0.157	−3.24	3.26	631.6	6.38	1.00	0.966	0.0895
7.34	23.5	38.0	1.20	0.912	0.164	−1.01	9.75	41.3	0.43	1.87	0.957	0.1850
8.67	70.7	78.5	3.39	0.942	0.112	−1.71	4.34	112.3	1.45	1.70	0.985	0.0562

分析拟合结果可知，ADE 模型拟合的 r^2 基本在 0.9 左右，且 RMSE 值都大于 0.1，说明其在拟合水平裂隙介质特别是流速相对较大时精度较低。而 TPL 模型的 r^2 都大于 0.95，RMSE 值都小于 0.1，说明了其较高的拟合精度。拟合的参数 V_A 与实际平均流速大小相差不大，但是 D_A 值的规律不明显。

由表 5.4 和表 5.5 可以看出，t_1 值都小于实验的观测时间，而 t_2 远远大于实验观测时间，说明此时水平裂隙中溶质运移还远没有达到费克运移。转移时间概率分布以及溶质运移的不规则程度主要由参数 β_2 决定。由表可知，$1<\beta_2<2$，说明水平裂隙介质中的溶质运移尚未达到费克运移。通过比较发现，β_2 随着流速增大而减小，流速大时水流的非线性程度高，溶质的非费克程度越高。此外，TPL 中的参数 v_ψ 远大于平均流速 V，由于 v_ψ 表征的是溶质粒子的平均运移速度，而不是水流的平均流速，说明了溶质粒子的平均运移速度大于平均流速，且 β_2 溶质的 Non-Fickian 程度越高时这种差别越大。

为了研究裂隙的粗糙度中的凸起度对溶质运移的影响，我们对比了沿水流方向 35.5cm 处，流速为 71.0mm/s、凸起度为 2mm 和 6mm 时水平矩形剖面粗糙裂隙溶质运移的 BTC 及 TPL 拟合结果；流速为 49.5mm/s、凸起度为 2mm 和 4mm 时水平梯形剖面粗糙裂隙溶质运移的 BTC 及 TPL 拟合结果；并以流速为 59.0mm/s、平均隙宽分别为 4.7mm 和 8.7mm 的光滑平板裂隙中溶质运移的 BTC 及 TPL 拟合结果作为对比。具体参数可见表 5.6。

表 5.6　　　　　　　　　　不同隙宽下水平裂隙中 TPL 拟合参数值

粗糙元结构	V /(mm/s)	平均隙宽 /mm	凸起度 /mm	TPL 拟合参数				
				v_ψ /(mm/s)	D_ψ /($\times 10^{-4}$ m^2/s)	β_2	lgt_1	lgt_2
矩形剖面	71.0	6.0	6	183.9	0.81	1.28	−0.746	11.257
		8.7	2	135.9	0.13	1.89	−1.291	1.210
梯形剖面	49.5	7.3	4	256.4	0.26	1.19	−2.536	3.162
		8.7	2	98.6	0.57	1.67	−0.909	9.294
平板	59.0	4.7	0	59.7	0.36	1.69	0.534	5.160
		8.7	0	131.9	0.13	1.70	−1.318	11.415

从表 5.6 中结果可以得出，在水平粗糙裂隙中，凸起度的增加会造成 β_2 值的大幅度减小，即凸起度的改变会影响溶质运移的 Non-Fickian 程度。而平板裂隙中隙宽的改变对 β_2 值的影响不大。

为了分析裂隙的粗糙元结构对溶质运移的影响，我们对比了沿水流方向35.5cm处，流速为36.0mm/s、凸起度为4mm时水平矩形剖面和梯形剖面粗糙裂隙溶质运移的 BTC 及 TPL 拟合结果；流速为51.5mm/s、凸起度为6mm时水平梯形剖面粗糙裂隙和隙宽为6.0mm时溶质运移的 BTC 及 TPL 拟合结果。具体参数可见表5.7。

表5.7 相同隙宽不同粗糙元结构裂隙中 TPL 拟合参数值

流速 /(mm/s)	平均隙宽 /mm	凸起度 /mm	粗糙元结构	TPL 拟合参数				
				v_ψ /(mm/s)	D_ψ /($\times 10^{-4}$ m²/s)	β_2	$\lg t_1$	$\lg t_2$
36.0	7.3	4	矩形	51.1	0.18	1.329	0.748	7.45
			梯形	110.8	0.11	1.469	−1.293	8.03
51.5	6.0	6	梯形	144.3	0.18	1.346	−1.334	5.26
		0	平板	39.0	0.14	1.513	1.132	4.32

通过表5.7和图5.17、图5.18中的示踪实验我们可以得出：相同条件下，矩形剖面水平单裂隙介质中的 β_2 小于梯形剖面粗糙裂隙，梯形裂隙中的 β_2 小于平板裂隙，这也说明了非均质性强的裂隙中溶质的非费克程度高。

5.4.3 水平裂隙溶质运移纵向及横向弥散研究

为了对水平裂隙中 Non-Fickian 运移的产生机理和影响因素进行进一步的揭示，我们分析了沿程不同点处（$x=255$mm、355mm、455mm 和555mm）水平光滑裂隙、矩形剖面裂隙和梯形剖面裂隙中的 BTC 曲线以及 ADE 和 TPL 的拟合情况，具体拟合结果见表5.8和表5.9以及图5.19~5.21。

表5.8 相同隙宽不同粗糙元结构裂隙中 ADE 与 TPL 拟合精度对比

裂隙产状	距离 /mm	流速 /(mm/s)	ADE		TPL	
			r^2	RMSE	r^2	RMSE
矩形	255	23.5	0.982	0.0603	0.984	0.0493
	355		0.833	0.2370	0.856	0.2020
	455		0.938	0.1350	0.945	0.1070
	555		0.931	0.1250	0.956	0.0991

续表

裂隙产状	距离/mm	流速/(mm/s)	ADE		TPL	
			r^2	RMSE	r^2	RMSE
梯形	255	25.3	0.915	0.1430	0.966	0.0713
	355		0.833	0.2200	0.942	0.0895
	455		0.853	0.1860	0.947	0.0924
	555		0.870	0.1720	0.945	0.1030
平板	255	19.0	0.976	0.0849	0.979	0.0684
	355		0.880	0.1450	0.918	0.1530
	455		0.924	0.1400	0.946	0.1060
	555		0.919	0.1640	0.937	0.1100

表 5.9　　　　不同隙宽裂隙纵向弥散及 ADE 与 TPL 拟合参数值

裂隙产状	距离/mm	流速/(mm/s)	ADE		TPL				
			V_A/(mm/s)	D_A/($\times 10^{-4}\,m^2/s$)	$\lg t_1$	$\lg t_2$	v_ψ/(mm/s)	D_ψ/($\times 10^{-4}\,m^2/s$)	β_2
矩形	255	23.5	54.2	0.41	1.650	2.410	27.13	0.190	1.73
	355		47.1	0.26	1.530	5.610	31.45	0.130	1.52
	455		40.8	0.27	1.660	4.480	28.56	0.130	1.46
	555		39.8	0.18	1.490	6.200	35.84	0.100	1.13
梯形	255	25.3	46.9	0.71	0.879	3.950	35.84	0.240	1.60
	355		46.3	0.36	0.755	14.10	37.96	0.130	1.35
	455		41.3	0.35	0.888	8.252	31.19	0.089	1.53
	555		42.1	0.40	1.100	13.90	27.07	0.084	1.68
平板	255	19.0	35.3	0.37	−0.190	9.000	25.48	0.039	2.29
	355		35.0	0.21	−1.380	6.390	48.09	0.053	1.64
	455		29.3	0.20	1.580	4.220	30.50	0.150	0.98
	555		29.0	0.11	−1.220	6.170	29.79	0.043	1.93

　　由此可知，ADE 在拟合 BTC 曲线的前半部分的效果较好，特别是在流速相对较低的情况下，拟合精度达到了 0.982。但是在解释拖尾现象时情况较差。与之前的情况类似，TPL 的拟合精度要远高于 ADE 模型，尤其是在解释 BTC 的拖尾现象方面。观察 ADE 模型的拟合参数 V_A 可知其随着距离的增大

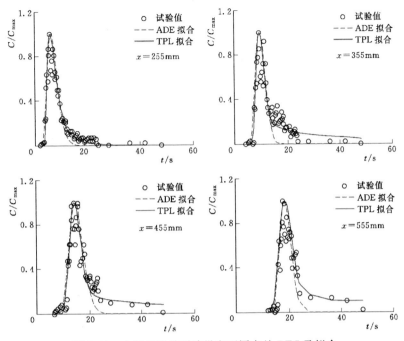

图 5.19 水平光滑单裂隙纵向不同点处 BTC 及拟合
（参见文后彩图）

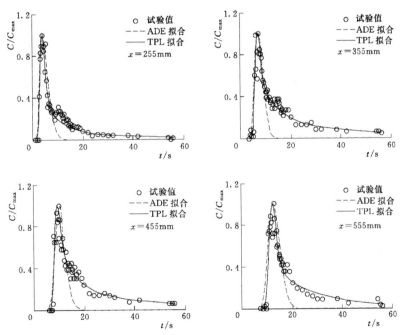

图 5.20 水平梯形剖面粗糙单裂隙纵向不同点处 BTC 及拟合
（参见文后彩图）

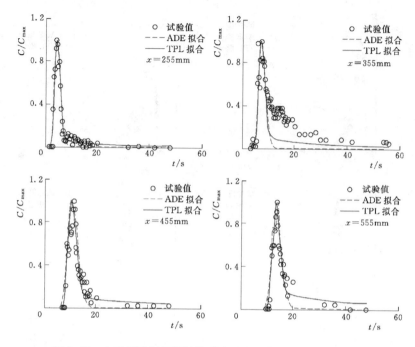

图 5.21　水平矩形剖面粗糙单裂隙纵向不同点处 BTC 及拟合

（参见文后彩图）

而减小，说明在平板裂隙中的沿程水流流速有可能不是像平均流速表征的那样，而是不断变化的，正是这种在流速上的减小导致了拟合的弥散系数的减小。表征 Non‑Fickian 不规则程度的参数 β_2 只在矩形剖面裂隙中表现出随着距离的增大而减小的趋势，而在其他两种水平裂隙介质中的规律并不明显。

参 考 文 献

［1］ LOMIZE G. M. Flow in fractured rocks ［M］. Moscow：Gesenergoizdat，1951.

［2］ 黄勇 . 多尺度裂隙介质中的水流和溶质运移随机模拟研究 ［D］. 南京：河海大学，2004.

［3］ 陈洪凯 . 裂隙岩体渗流研究现状（Ⅰ）［J］. 重庆交通学院学报，1996，15（1）：55 - 60.

［4］ BEAR J. The transition zone between fresh and salt waters in coastal aquifers ［D］. Berkeley：University of California，Berkeley，1960.

［5］ 王锦国，周志芳 . 裂隙岩体溶质运移模型研究 ［J］. 岩土力学，2005，26（2）.

［6］ 周志芳，王锦国 . 裂隙介质水动力学 ［M］. 北京：中国水利水电出版社，2004.

［7］ 钱家忠，吴剑锋，董洪信，等 . 徐州市张集水源地裂隙岩溶水三维等参有限元数值模拟 ［J］. 水利学报，2003，34（3）：37 - 41.

［8］ 吴吉春，薛禹群，黄海，等 . 山西柳林泉裂隙发育区溶质运移三维数值模拟 ［J］. 南京大学学报（自然科学版），2000，36（6）：728 - 734.

［9］ 王锦国 . 岩体地下水溶质运移模拟研究 ［D］. 南京：河海大学，2002.

［10］ LIU H. H.，DOUGHTY C.，BODVARSSON G. S. An active fracture model for unsaturated flow and transport in fractured rocks ［J］. Water Resources Research，1998，34（10）：2633 - 2646.

［11］ VANGENUCHTEN M. T. A Closed - Form Equation for Predicting the Hydraulic Conductivity of Unsaturated Soils ［J］. Soil Science Society of America Journal，1980，44（5）：892 - 898.

［12］ WU Y. S.，RITCEY A. C.，BODVARSSON G. S. A modeling study of perched water phenomena in the unsaturated zone at Yucca Mountain ［J］. Journal of Contaminant Hydrology，1999，38（1 - 3）：157 - 184.

［13］ JACOBS B. L. Effective properties of multiphase flow in heterogeneous porous media ［D］. Boston：Massachusetts Institute of Tecnology，1999.

［14］ DEKKER T. J.，ABRIOLA L. M. The influence of field - scale heterogeneity on the infiltration and entrapment of dense nonaqueous phase liquids in saturated formations ［J］. Journal of Contaminant Hydrology，2000，42（2 - 4）：187 - 218.

［15］ DEKKER T. J.，ABRIOLA L. M. The influence of field - scale heterogeneity on the surfactant - enhanced remediation of entrapped nonaqueous phase liquids ［J］. Journal of Contaminant Hydrology，2000，42（2 - 4）：219 - 251.

［16］ ESPOSITO S. J.，THOMSON N. R. Two - phase flow and transport in a single fracture - porous medium system ［J］. Journal of Contaminant Hydrology，1999，37（3 - 4）：319 - 341.

［17］ FOURAR M.，BORIES S. Experimental study of air - water two - phase flow in a fracture network [J]. Comptes Rendus De L Academie Des Sciences Serie Ii Fascicule B - Mecanique Physique Astronomie, 1999, 327 (8): 765 - 770.

[18] JODAR J. , MEDINA A. , CARRERA J. Gas tracer transport through a heterogeneous fracture zone under two phase flow conditions: Model development and parameter sensitivity [J]. Advances in Water Resources, 2009, 32 (3): 315 - 328.

[19] MAYER A. S. , MILLER C. T. The influence of mass transfer characteristics and porous media heterogeneity on nonaqueous phase dissolution [J]. Water Resources Research, 1996, 32 (6): 1551 - 1567.

[20] WILKINSON D. S. , MAIRE E. , EMBURY J. D. The role of heterogeneity on the flow and fracture of two - phase materials [J]. Materials Science and Engineering a - Structural Materials Properties Microstructure and Processing, 1997, 233 (1 - 2): 145 - 154.

[21] BARENBLATT G. I. , ZHELTOV I. P. Fundamental Equations for the Filtration of Homogeneous Fluids through Fissured Rocks [J]. Doklady Akademii Nauk Sssr, 1960, 132 (3): 545 - 548.

[22] WARREN J. E. , ROOT P. J. The Behavior of Naturally Fractured Reservoirs [J]. Society of Petroleum Engineers Journal, 1963, 3 (3): 245 - 255.

[23] BEAR J. , TSANG C. F. , MARSILY G. D. Flow and contaminant transport in fractured rocks [M]. San Diego: Academic Press, 1993.

[24] 速宝玉, 詹美礼, 赵坚. 光滑裂隙水流模型实验及其机理初探 [J]. 水利学报, 1994, (5): 19 - 24.

[25] DIJK P. E. , BERKOWITZ B. Three - dimensional flow measurements in rock fractures [J]. Water Resources Research, 1999, 35 (12): 3955 - 3959.

[26] HAKAMI E. , LARSSON E. Aperture measurements and flow experiments on a single natural fracture [J]. International Journal of Rock Mechanics and Mining Sciences & Geomechanics Abstracts, 1996, 33 (4): 395 - 404.

[27] A W. P. , Y W. J. S. , K. ETAL. I. Validity of cubic law for fluid flow in a deformable rock fracture [J]. Water Resources Research, 1980, 16 (6): 1016 - 1024.

[28] 王媛, 速宝玉. 单裂隙面渗流特性及等效水力隙宽 [J]. 水科学进展, 2002, 13 (1): 61 - 68.

[29] SNOW D. T. Anisotropic Permeability of Fractured Media [J]. Water Resources Research, 1969, 5 (6): 1273 - 1189.

[30] LOUIS C. A study of groundwater flow in jonited rock and its influence on the stability of rock masses [R]. London: Imp Coll, 1969.

[31] BARTON N. , BANDIS S. , BAKHTAR K. Strength, Deformation and Conductivity Coupling of Rock Joints [J]. International Journal of Rock Mechanics and Mining Sciences, 1985, 22 (3): 121 - 140.

[32] BELEM T. , HOMAND - ETIENNE F. , SOULEY M. Quantitative parameters for rock joint surface roughness [J]. Rock Mechanics and Rock Engineering, 2000, 33 (4): 217 - 242.

[33] DU S. G. , FAN L. B. The statistical estimation of rock joint roughness coefficient

[J]. Chinese Journal of Geophysics – Chinese Edition，1999，42（4）：577 – 580.

[34] FARDIN N. ，FENG Q. ，STEPHANSSON O. Application of a new in situ 3D laser scanner to study the scale effect on the rock joint surface roughness [J]. International Journal of Rock Mechanics and Mining Sciences，2004，41（2）：329 – 335.

[35] HONG E. S. ，LEE I. M. ，LEE J. S. Measurement of rock joint roughness by 3D scanner [J]. Geotechnical Testing Journal，2006，29（6）：482 – 489.

[36] FARDIN N. ，STEPHANSSON O. ，JING L. R. The scale dependence of rock joint surface roughness [J]. International Journal of Rock Mechanics and Mining Sciences，2001，38（5）：659 – 669.

[37] K. I. Fundamental studies of fluid flow through a single fracture [D]. Berkeley：University of California，Berkeley，1976.

[38] WALSH J. B. Effect of Pore Pressure and Confining Pressure on Fracture Permeability [J]. International Journal of Rock Mechanics and Mining Sciences，1981，18（5）：429 – 435.

[39] 周创兵，熊文林. 岩石节理的渗流广义立方定理 [J]. 岩土力学，1996，17（4）：1 – 7.

[40] AMADEI B. ，ILLANGASEKARE T. A Mathematical – Model for Flow and Solute Transport in Nonhomogeneous Rock Fractures [J]. International Journal of Rock Mechanics and Mining Sciences & Geomechanics Abstracts，1994，31（6）：719 – 731.

[41] NOLTE D. D. ，PYRAKNOLTE L. J. ，COOK N. G. W. The Fractal Geometry of Flow Paths in Natural Fractures in Rock and the Approach to Percolation [J]. Pure and Applied Geophysics，1989，131（1 – 2）：111 – 138.

[42] 张有天. 裂隙岩体中水的运动与水工建筑物相互作用 [R]. 北京：水利水电科学研究院，1992.

[43] 耿克勤. 复杂岩基的渗流、力学及其耦合分析研究及工程应用 [D]. 北京：清华大学，1994.

[44] 许光祥，张永兴，哈秋舲. 粗糙裂隙渗流的超立方和次立方定律及其试验研究 [J]. 水利学报，2003（3）：74 – 79.

[45] NEUZIL C. E. ，TRACY J. V. Flow through Fractures [J]. Water Resources Research，1981，17（1）：191 – 199.

[46] TSANG Y. W. ，TSANG C. F. ，NERETNIEKS I. ，et al. Flow and Tracer Transport in Fractured Media – a Variable Aperture Channel Model and Its Properties [J]. Water Resources Research，1988，24（12）：2049 – 2060.

[47] BROWN S. R. Fluid – Flow through Rock Joints – the Effect of Surface – Roughness [J]. Journal of Geophysical Research – Solid Earth and Planets，1987，92（B2）：1337 – 1347.

[48] HEATH M. J. Solute migration experiments in fractured granite，South West England [M]. Design and instrumentation of in situ experiments in underground laboratories for radioactive waste disposal，1985.

[49] BOURKE P. J. Channeling of flow through fractures in rock [R]. Stockholm：Pro-

ceedings of GEOVAL – 87 International Symposium，Swedish Nuclear Power Inspectorate，1985.

[50]　NOVAKOWSKI K. S.，EVANS G. V.，LEVER D. A.，et al. A Field Example of Measuring Hydrodynamic Dispersion in a Single Fracture [J]. Water Resources Research，1985，21 (8)：1165 – 1174.

[51]　RAVEN K. G.，NOVAKOWSKI K. S.，LAPCEVIC P. A. Interpretation of Field Tracer Tests of a Single Fracture Using a Transient Solute Storage Model [J]. Water Resources Research，1988，24 (12)：2019 – 2032.

[52]　SHAPIRO A. M.，NICHOLAS J. R. Assessing the Validity of the Channel Model of Fracture Aperture under Field Conditions [J]. Water Resources Research，1989，25 (5)：817 – 828.

[53]　PYRAK L. R.，L. R. M.，N. G. W. C. Determination of fracture void geometry and contact area at different effective stress [J]. Eos Trans. AGU (abstract)，1985，66 (46).

[54]　TSANG Y. W.，TSANG C. F. Channel Model of Flow through Fractured Media [J]. Water Resources Research，1987，23 (3)：467 – 479.

[55]　MORENO L.，TSANG Y. W.，TSANG C. F.，et al. Flow and Tracer Transport in a Single Fracture – a Stochastic – Model and Its Relation to Some Field Observations [J]. Water Resources Research，1988，24 (12)：2033 – 2048.

[56]　吴蓉. 裂隙介质溶质运移机理试验研究 [D]. 南京：河海大学，2008.

[57]　速宝玉，詹美礼，赵坚. 仿天然岩体裂隙渗流的实验研究 [J]. 岩土工程学报，1995，17 (5)：19 – 24.

[58]　于龙，陶同康. 岩体裂隙水流的运动规律 [J]. 水利水运科学研究，1997 (3)：208 – 218.

[59]　DRONFIELD D. G.，SILLIMAN S. E. Velocity Dependence of Dispersion for Transport through a Single Fracture of Variable Roughness [J]. Water Resources Research，1993，29 (10)：3477 – 3483.

[60]　耿克勤，陈凤翔，刘光延，等. 岩体裂隙渗流水力特性的实验研究 [J]. 清华大学学报（自然科学版），1996，36 (1)：102 – 106.

[61]　王锦国，周志芳. 裂隙介质溶质运移试验研究 [J]. 岩石力学与工程学报，2005.

[62]　王恩志，孙役，黄远智，等. 三维离散裂隙网络渗流模型与实验模拟 [J]. 水利学报，2002，5：37 – 41.

[63]　WATANABE N.，HIRANO N.，TSUCHIYA N. Determination of aperture structure and fluid flow in a rock fracture by high – resolution numerical modeling on the basis of a flow – through experiment under confining pressure [J]. Water Resources Research，2008，44 (6).

[64]　RABER E.，LORD D. E.，BURKLUND P. W. Hydrologic Test System for Fracture Flow Studies in Crystalline Rock [J]. Ground Water，1984，22 (4)：468 – 473.

[65]　TSANG Y. W.，WITHERSPOON P. A. The Dependence of Fracture Mechanical and Fluid – Flow Properties on Fracture Roughness and Sample – Size [J]. Journal of Geophysical Research，1983，88 (Nb3)：2359 – 2366.

[66]　MARYSKA J.，SEVERYN O.，TAUCHMAN M.，et al. Modeling of the ground-

water flow in fractured rock – a new approach [J]. Proceedings of Algoritimy, 2005: 113 – 122.

[67] DIODATO D. M. A Compendium of Fracture Flow Models [R]. Center for Environmental Restoration Systems, Energy Systems Division, Argonne National Laboratory, USA, 1994.

[68] STRELTSOVA – ADAMS T. D. Well hydraulics in heterogeneous aquifer formation [J]. Advances in Hydrogeoscience, 1978, 11: 357 – 418.

[69] ELSWORTH D. Laminar and Turbulent Flow in Rock Fissures and Fissure Networks [D]. Berkeley: University of California, Berkeley, 1984.

[70] AMADEI B. , ILLANGASEKARE T. Analytical Solutions for Steady and Transient Flow in Nonhomogeneous and Anisotropic Rock Joints [J]. International Journal of Rock Mechanics and Mining Sciences & Geomechanics Abstracts, 1992, 29 (6): 561 – 572.

[71] MARYSKA J. , SEVERYN O. , VOHRALIK M. Mixed – hybrid FEM discrete fracture network model of the fracture flow [J]. Computational Science – Iccs 2002, Pt Iii, Proceedings, 2002, 2331: 794 – 803.

[72] MARYSKA J. , SEVERYN O. , VOHRALIK M. Numerical simulation of fracture flow with a mixed – hybrid FEM stochastic discrete fracture network model [J]. Computational Geosciences, 2004, 8 (3): 217 – 234.

[73] ELSWORTH D. A Boundary Element Finite – Element Procedure for Porous and Fractured Media Flow [J]. Water Resources Research, 1987, 23 (4): 551 – 560.

[74] NARASIMHAN T. N. , WITHERSPOON P. A. Integrated Finite – Difference Method for Analyzing Fluid – Flow in Porous – Media [J]. Water Resources Research, 1976, 12 (1): 57 – 64.

[75] PRUESS K. Tough User's Guide, LBL 20700 [M]. Berkeley: Lawrence Berkeley Laboratory, University of California, Berkeley, 1987.

[76] PRUESS K. Tough2 — A General – Purpose Numerical Simulator for Multiphase Fluid and Heat Flow, LBL 29400 [M]. Berkeley: Lawrence Berkeley Laboratory, University of California, Berkeley, 1991.

[77] SUDICKY E. A. , MCLAREN R. G. The Laplace Transform Galerkin Technique for Large – Scale Simulation of Mass – Transport in Discretely Fractured Porous Formations [J]. Water Resources Research, 1992, 28 (2): 499 – 514.

[78] AHNER H. F. , DOOHER J. , MOOSE A. E. Application of Lattice – Gas Automata to Converging Flow and Non – Newtonain Fluids [J]. Physical Review A, 1992, 45 (10): 7632 – 7635.

[79] CHEN S. Y. , DIEMER K. , DOOLEN D. , et al. Lattice Gas Automata for Flow through Porous – Media [J]. Physica D, 1991, 47 (1 – 2): 72 – 84.

[80] FRISCH U. , HASSLACHER B. , POMEAU Y. Lattice – Gas Automata for the Navier – Stokes Equation [J]. Physical Review Letters, 1986, 56 (14): 1505 – 1508.

[81] HAYOT F. Unsteady, One – Dimensional Flow in Lattice – Gas Automata [J]. Physical Review A, 1987, 35 (4): 1774 – 1777.

[82] MCCARTHY J. F. Lattice – Gas Cellular – Automata Method for Flow in the Interdendritic Region [J]. Acta Metallurgica Et Materialia, 1994, 42 (5): 1573 – 1581.

[83] MCCARTHY J. F. Flow – through Arrays of Cylinders – Lattice – Gas Cellular – Automata Simulations [J]. Physics of Fluids, 1994, 6 (2): 435 – 437.

[84] PENG G. W., HERRMANN H. J. Density Waves of Granular Flow in a Pipe Using Lattice – Gas Automata [J]. Physical Review E, 1994, 49 (3): R1796 – R1799.

[85] AHARONOV E., ROTHMAN D. H. Non – Newtonian Flow (through Porous – Media) – a Lattice – Boltzmann Method [J]. Geophysical Research Letters, 1993, 20 (8): 679 – 682.

[86] CARE C. M., HALLIDAY I., GOOD K., et al. Generalized lattice Boltzmann algorithm for the flow of a nematic liquid crystal with variable order parameter [J]. Physical Review E, 2003, 67 (6).

[87] FERREOL B., ROTHMAN D. H. Lattice – Boltzmann Simulations of Flow – through Fontainebleau Sandstone [J]. Transport in Porous Media, 1995, 20 (1 – 2): 3 – 20.

[88] KIM I., LINDQUIST W. B., DURHAM W. B. Fracture flow simulation using a finite – difference lattice Boltzmann method [J]. Physical Review E, 2003, 67 (4).

[89] KOELMAN J. A Simple Lattice Boltzmann Scheme for Navier – Stokes Fluid – Flow [J]. Europhysics Letters, 1991, 15 (6): 603 – 607.

[90] PAN C. X., LUO L. S., MILLER C. T. An evaluation of lattice Boltzmann schemes for porous medium flow simulation [J]. Computers & Fluids, 2006, 35 (8 – 9): 898 – 909.

[91] SHOLOKHOVA Y., KIM D., LINDQUIST W. B. Network flow modeling via lattice – Boltzmann based channel conductance [J]. Advances in Water Resources, 2009, 32 (2): 205 – 212.

[92] TAN Y. - f., ZHOU Z. - f. Simulation of solute transport in a parallel single fracture with LBM/MMP mixed method [J]. Journal of Hydrodynamics, Ser. B, 2008, 20 (3): 365 – 372.

[93] 王锦国，周志芳. 基于分形理论的裂隙岩体地下水溶质运移模拟 [J]. 岩石力学与工程学报，2004，23 (8): 1358 – 1362.

[94] 周创兵，熊文林. 节理面粗糙度系数与分形维数的关系 [J]. 武汉水利电力大学学报，1996，29 (5): 1 – 5.

[95] 谢和平，周宏伟. 岩体断裂面渗流特性的分形研究 [J]. 煤炭学报，1998，23 (6): 585 – 589.

[96] BROWN S. R. Simple Mathematical – Model of a Rough Fracture [J]. Journal of Geophysical Research – Solid Earth, 1995, 100 (B4): 5941 – 5952.

[97] BODIN J., DELAY F., DE MARSILY G. Solute transport in a single fracture with negligible matrix permeability: 1. fundamental mechanisms [J]. Hydrogeology Journal, 2003, 11 (4): 418 – 433.

[98] BODIN J., DELAY F., DE MARSILY G. Solute transport in a single fracture with negligible matrix permeability: 2. mathematical formalism [J]. Hydrogeology Journal, 2003, 11 (4): 434 – 454.

[99] SILLIMAN S. E. , SIMPSON E. S. Laboratory Evidence of the Scale Effect in Dispersion of Solutes in Porous – Media [J]. Water Resources Research, 1987, 23 (8): 1667 – 1673.

[100] TAYLOR G. Dispersion of Soluble Matter in Solvent Flowing Slowly through a Tube [J]. Proceedings of the Royal Society of London Series a – Mathematical and Physical Sciences, 1953, 219 (1137): 186 – 203.

[101] ARIS R. On the Dispersion of a Solute by Diffusion, Convection and Exchange between Phases [J]. Proceedings of the Royal Society of London Series a – Mathematical and Physical Sciences, 1959, 252 (1271): 538 – 550.

[102] WOODING R. A. Instability of a Viscous Liquid of Variable Density in a Vertical Hele – Shaw Cell [J]. Journal of Fluid Mechanics, 1960, 7 (4): 501 – 515.

[103] WELS C. , SMITH L. , BECKIE R. The influence of surface sorption on dispersion in parallel plate fractures [J]. Journal of Contaminant Hydrology, 1997, 28 (1 – 2): 95 – 114.

[104] BERKOWITZ B. , ZHOU J. Y. Reactive solute transport in a single fracture [J]. Water Resources Research, 1996, 32 (4): 901 – 913.

[105] IPPOLITO I. , DACCORD G. , HINCH E. J. , et al. Echo Tracer Dispersion in Model Fractures with a Rectangular Geometry [J]. Journal of Contaminant Hydrology, 1994, 16 (1): 87 – 108.

[106] IPPOLITO I. , HINCH E. J. , DACCORD G. , et al. Tracer Dispersion in 2 – D Fractures with Flat and Rough Walls in a Radial Flow Geometry [J]. Physics of Fluids a – Fluid Dynamics, 1993, 5 (8): 1952 – 1962.

[107] GUTFRAIND R. , IPPOLITO I. , HANSEN A. Study of Tracer Dispersion in Self –Affine Fractures Using Lattice – Gas Automata [J]. Physics of Fluids, 1995, 7 (8): 1938 – 1948.

[108] DETWILER R. L. , RAJARAM H. , GLASS R. J. Solute transport in variable – aperture fractures: An investigation of the relative importance of Taylor dispersion and macrodispersion [J]. Water Resources Research, 2000, 36 (7): 1611 – 1625.

[109] HALDEMAN W. R. , CHUANG Y. , RASMUSSEN T. C. , et al. Laboratory Analysis of Fluid – Flow and Solute Transport through a Fracture Embedded in Porous Tuff [J]. Water Resources Research, 1991, 27 (1): 53 – 65.

[110] NERETNIEKS I. , ERIKSEN T. , TAHTINEN P. Tracer Movement in a Single Fissure in Granitic Rock – Some Experimental Results and Their Interpretation [J]. Water Resources Research, 1982, 18 (4): 849 – 858.

[111] JOHNS R. A. , ROBERTS P. V. A Solute Transport Model for Channelized Flow in a Fracture [J]. Water Resources Research, 1991, 27 (8): 1797 – 1808.

[112] ABELIN H. , BIRGERSSON L. , WIDEN H. , et al. Channeling Experiments in Crystalline Fractured Rocks [J]. Journal of Contaminant Hydrology, 1994, 15 (3): 129 – 158.

[113] EWING R. P. , JAYNES D. B. Issues in Single – Fracture Transport Modeling – Scales, Algorithms, and Grid Types [J]. Water Resources Research, 1995, 31

(2): 303 - 312.

[114] GELHAR L. W. Stochastic subsurface hydrology [M]. Englewood Cliffs NJ USA: Prentice Hall, 1993.

[115] TSANG C. F., TSANG Y. W., HALE F. V. Tracer Transport in Fractures - Analysis of Field Data Based on a Variable - Aperture Channel Model [J]. Water Resources Research, 1991, 27 (12): 3095 - 3106.

[116] NEUMAN S. P. Universal Scaling of Hydraulic Conductivities and Dispersivities in Geologic Media [J]. Water Resources Research, 1990, 26 (8): 1749 - 1758.

[117] MOLZ F. J., GUVEN O., MELVILLE J. G. An Examination of Scale - Dependent Dispersion Coefficients [J]. Ground Water, 1983, 21 (6): 715 - 725.

[118] PICKENS J. F., GRISAK G. E. Scale - Dependent Dispersion in a Stratified Granular Aquifer [J]. Water Resources Research, 1981, 17 (4): 1191 - 1211.

[119] NEUMAN S. P. Generalized Scaling of Permeabilities - Validation and Effect of Support Scale [J]. Geophysical Research Letters, 1994, 21 (5): 349 - 352.

[120] ZHOU Q., MOLZ F. J., LIU H., et al. Scaling Behavior of Field - Scale Diffusive Transport in Fractured Rock and Porous Media: A Contradiction? [C]. American Geophysical Union, Fall Meeting, 2008.

[121] HAGGERTY R., HARVEY C. F., VON SCHWERIN C. F., et al. What controls the apparent timescale of solute mass transfer in aquifers and soils? A comparison of experimental results [J]. Water Resources Research, 2004, 40 (1).

[122] FOSTER S. S. D. Chalk Groundwater Tritium Anomaly - Possible Explanation [J]. Journal of Hydrology, 1975, 25 (1 - 2): 159 - 165.

[123] GRISAK G. E., PICKENS J. F. Solute Transport through Fractured Media. 1. The Effect of Matrix Diffusion [J]. Water Resources Research, 1980, 16 (4): 719 - 730.

[124] GRISAK G. E., PICKENS J. F., CHERRY J. A. Solute Transport through Fractured Media. 2. Column Study of Fractured Till [J]. Water Resources Research, 1980, 16 (4): 731 - 739.

[125] NERETNIEKS I. Diffusion in the Rock Matrix - an Important Factor in Radionuclide Retardation [J]. Journal of Geophysical Research, 1980, 85 (B8): 4379 - 4397.

[126] ZUBER A., MOTYKA J. Matrix Porosity as the Most Important Parameter of Fissured Rocks for Solute Transport at Large Scales [J]. Journal of Hydrology, 1994, 158 (1 - 2): 19 - 46.

[127] 程诚, 吴吉春, 葛锐, 等. 单裂隙介质中的溶质运移研究综述 [J]. 水科学进展, 2003, 14 (4): 502 - 508.

[128] SUDICKY E. A., FRIND E. O. Contaminant Transport in Fractured Porous - Media - Analytical Solutions for a System of Parallel Fractures [J]. Water Resources Research, 1982, 18 (6): 1634 - 1642.

[129] NOVAKOWSKI K. S., BOGAN J. D. A semi - analytical model for the simulation of solute transport in a network of fractures having random orientations [J]. International Journal for Numerical and Analytical Methods in Geomechanics, 1999, 23

(4)：317 - 333.

[130]　SATO H. Matrix diffusion of simple cations, anions, neutral species in fractured crystalline rocks [J]. Nuclear Technology, 1999, 127 (2)：199 - 211.

[131]　KENNEDY C. A., LENNOX W. C. A Control - Volume Model of Solute Transport in a Single Fracture [J]. Water Resources Research, 1995, 31 (2)：313 - 322.

[132]　KUNSTMANN H., KINZELBACH W., MARSCHALL P., et al. Joint inversion of tracer tests using reversed flow fields [J]. Journal of Contaminant Hydrology, 1997, 26 (1 - 4)：215 - 226.

[133]　ABELIN H., BIRGERSSON L., MORENO L., et al. A Large - Scale Flow and Tracer Experiment in Granite. 2. Results and Interpretation [J]. Water Resources Research, 1991, 27 (12)：3119 - 3135.

[134]　HEATH M. J., MONTOTO M., REY A. R., et al. Rock matrix diffusion as a mechanism of radionuclide retardation：a natural analogue study of EI Berrocal granite, Spain [J]. Radiochim Acta, 1992, 58 (59)：379 - 384.

[135]　MAZUREK M., ALEXANDER W. R., MACKENZIE A. B. Contaminant retardation in fractured shales：Matrix diffusion and redox front entrapment [J]. Journal of Contaminant Hydrology, 1996, 21 (1 - 4)：71 - 84.

[136]　WELS C., SMITH L. Retardation of Sorbing Solutes in Fractured Media [J]. Water Resources Research, 1994, 30 (9)：2547 - 2563.

[137]　VANDERGRAAF T. T., DREW D. J., MASUDA S. Radionuclide migration experiments in a natural fracture in a quarried block of granite [J]. Journal of Contaminant Hydrology, 1996, 21 (1 - 4)：153 - 164.

[138]　OHLSSON Y., NERETNIEKS I. Literature survey of matrix diffusion theory and of experiments and data including natural analogues, SKB TR 95 - 12 [R]. Stockholm：Swed Nucl Fuel Waste Manage Co., 1995.

[139]　CARBOL P., ENGKVIST I. Compilation of radionuclide sorption coefficients for performance assement, SKB R 97 - 13 [R]. Stockholm：Swed Nucl Fuel Waste Manage Co., 1997.

[140]　唐红侠. 水力劈裂条件下裂隙介质水力特性研究 [D]. 南京：河海大学, 2005.

[141]　FLURY M., WAI N. N. Dyes as tracers for vadose zone hydrology [J]. Reviews of Geophysics, 2003, 41 (1).

[142]　DAVIS S. N., THOMPSON G. M., BENTLEY H. W., et al. Groundwater Tracers - Short Review [J]. Ground Water, 1980, 18 (1)：14 - 23.

[143]　MILANOVIC P. T. Water resources engineering in Karst [M]. Boca raton, Florida：CRC Press, 2004.

[144]　OMOTI U., WILD A. Use of Fluorescent Dyes to Mark the Pathways of Solute Movement through Soils under Leaching Conditions . 2. Field Experiments [J]. Soil Science, 1979, 128 (2)：98 - 104.

[145]　OMOTI U., WILD A. Use of Fluorescent Dyes to Mark the Pathways of Solute Movement through Soils under Leaching Conditions. 1. Laboratory Experiments [J]. Soil Science, 1979, 128 (1)：28 - 33.

[146] COREY J. C. Evaluation of Dyes for Tracing Water Movement in Acid Soils [J]. Soil Science, 1968, 106 (3): 182 – 187.

[147] SCHINCARIOL R. A., HERDERICK E. E., SCHWARTZ F. W. On the Application of Image – Analysis to Determine Concentration Distributions in Laboratory Experiments [J]. Journal of Contaminant Hydrology, 1993, 12 (3): 197 – 215.

[148] AEBY P., FORRER J., STEINMEIER C., et al. Image analysis for determination of dye tracer concentrations in sand columns [J]. Soil Science Society of America Journal, 1997, 61 (1): 33 – 35.

[149] EWING R. P., HORTON R. Discriminating dyes in soil with color image analysis [J]. Soil Science Society of America Journal, 1999, 63 (1): 18 – 24.

[150] PERSSON M. Accurate dye tracer concentration estimations using image analysis [J]. Soil Science Society of America Journal, 2005, 69 (4): 967 – 975.

[151] AEBY P., SCHULTZE U., BRAICHOTTE D., et al. Fluorescence imaging of tracer distributions in soil profiles [J]. Environmental Science & Technology, 2001, 35 (4): 753 – 760.

[152] GONZALEZ R. C., WOODS R. E., EDDINS S. L. Digital image processing using MATLAB [M]. Beijing: House of Electronics Industry, 2004.

[153] FLURY M., FLUHLER H. Brilliant Blue Fcf as a Dye Tracer for Solute Transport Studies – a Toxicological Overview [J]. Journal of Environmental Quality, 1994, 23 (5): 1108 – 1112.

[154] MON J., FLURY M., HARSH J. B. Sorption of four triarylmethane dyes in a sandy soil determined by batch and column experiments [J]. Geoderma, 2006, 133 (3 – 4): 217 – 224.

[155] 建筑材料科学研究院. 水泥物理检验 [M]. 3 版. 北京: 中国建筑工业出版社, 1985.

[156] FLURY M., FLUHLER H. Tracer Characteristics of Brilliant Blue Fcf [J]. Soil Science Society of America Journal, 1995, 59 (1): 22 – 27.

[157] OGILVIE S., ISAKOV E., GLOVER P. Fluid flow through rough fractures in rocks. II: A new matching model for rough rock fractures [J]. Earth and Planetary Science Letters, 2006, 241 (3 – 4).

[158] HILL D., SLEEP B. Effects of biofilm growth on flow and transport through a glass parallel plate fracture [J]. Journal of Contaminant Hydrology 2002, 56 (3 – 4): 227 – 246.

[159] MCNAMARA G. R., ZANETTI G. Use of the Boltzmann – Equation to Simulate Lattice – Gas Automata [J]. Physical Review Letters, 1988, 61 (20): 2332 – 2335.

[160] WOLF – GLADROW D. A. Lattice – Gas Cellular Automata and Lattice Boltzmann Models: An Introduction [M]. Berlin: Springer – verlag, 2000.

[161] SUCCI S. The Lattice Boltzmann Method for Fluid Dynamics and Beyond [M]. Oxford: Oxford Univ. Press, 2001.

[162] MEI R., SHYY W., YU D., et al. Lattice Boltzmann method for 3 – D flows with

curved boundary [J]. Journal of Computational Physics, 2000, 161 (2): 680 - 699.

[163] WARREN P. B. Electroviscous transport problems via lattice - Boltzmann [J]. International Journal of Modern Physics C, 1997, 8 (4): 889 - 898.

[164] MERKS R. M. H., HOEKSTRA A. G., SLOOT P. M. A. The moment propagation method for advection - diffusion in the lattice Boltzmann method: Validation and Peclet number limits [J]. Journal of Computational Physics, 2002, 183 (2): 563 - 576.

[165] POT V., GENTY A. Sorbing and non - sorbing solute migration in rough fractures with a multi - species LGA model: Dispersion dependence on retardation and roughness [J]. Transport in Porous Media, 2005, 59 (2): 175 - 196.

[166] DRAZER G., KOPLIK J. Tracer dispersion in two - dimensional rough fractures [J]. Physical Review E, 2001, 63 (5): 110 - 127.

[167] 程永光. 基于差值的 Lattice Boltzmann 方法非均匀网格算法 [J]. 武汉水利电力大学学报, 2000, 33 (5): 26 - 31.

[168] CALIA A., SUCCI S., CANCELLIERE A., et al. Diffusion and hydrodynamic dispersion with the lattice Boltzmann method [J]. Phys. Rev. A, 1992, 45 (8): 5771 - 5774.

[169] B. KIENZLER, P. VEJMELKA. Actinide Migration Experiment in the ÄSPÖ HRL in Sweden: Results from core ♯5 (part Ⅲ) [R]. Stockholm: Institut für Nukleare Entsorgung, 2003.

[170] CANNY J. A Computational Approach to Edge - Detection [J]. Ieee Transactions on Pattern Analysis and Machine Intelligence, 1986, 8 (6): 679 - 698.

[171] BEAR J. Dynamics of Fluids in Porous Media [M]. New York: Elsevier, 1972.

[172] TORIDE N., LEIJ F. J., MTH v. G. The CXTFIT code for estimating transport parameters from laboratory or field tracer experiments. Version 2.1. Research Report No. 137 [R]. Riverside CA. USA: US Salinity Laboratory, Agricultural Research Service, USDA, 1999.

[173] MAJUMDAR A., B. BHUSHAN. Fractal model of elastic - plastic contact between rough surfaces [J]. ASME J. Tribol, 1991, 113: 1 - 11.

[174] BAKOLAS V. Numerical generation of arbitrarily oriented non - Gaussian three - dimensional rough surfaces [J]. Wear, 2003, 254 (5 - 6): 546 - 554.

[175] ZOU M., YU B., FENG Y., et al. A Monte Carlo method for simulating fractal surfaces [J]. Physica A, 2007, 386: 176 - 186.

[176] BERRY M. V., LEWIS Z. V. On the Weierstrass - Mandelbrot fractal function [J]. Mathematical and Physical Sciences, 1980, 370 (1743): 459 - 484.

[177] Berkowitz, B. Characterizing flow and transport in a fractured geological media: A review. Advance of Water Resources, 2002, 25 (8 - 12): 861 - 884.

[178] Neuman, S. P. Trends prospects and challenges in quantifying flow and transport through fractured rocks. Hydrogeology Journal, 2005, 13 (1): 124 - 147.

[179] 张云凤. 基于成像法的粗糙裂隙中溶质非费克运移机理研究 [D]. 合肥: 合肥工业大学, 2011.

[180] 孙莉琴. 粗糙单裂隙摩擦阻力与水流特征试验及模拟研究 [D]. 合肥：合肥工业大学，2011.

[181] Louis C. A study of groundwater flow in jointed rock and its influence on the stability of rock masses, Imperial College [J]. Rock Mechanics Research Report, 1969, 10：1 - 90.

[182] Maini, Y. N. T. In - situ hydraulic parameters in jointed rock - their measurement and interpretation [D]. Thesis, University of London, 1971.

[183] Novakowski, K. S. , Lapcevi, P. A. , Bickerton, G. Preliminary interpretation of tracer experiments conducted in a discrete rock fracture under conditions of natural flow [J] . Geophysical Research Letters, 1995, 22 (11)：1417 - 1420.

[184] Qian, J. Z. , Zhan, H. B. , Zhao, W. D. , et al. Experimental study of turbulent unconfined groundwater flow in a single fracture [J] . Journal of Hydrology, 2005, 311 (1 - 4)：134 - 142.

[185] Gelhar, L. W. , Welty, C. , Rehfeldt, K. R. A critical review of data on field - scale dispersion in aquifers. Water Recourse Research, 1992, 28 (7)：1955 - 1974.

[186] Kosakowski, G. , Berkowitz, B. , Scher, H. Analysis of field observations of tracer transport in a fractured till [J] . Journal of Contaminant Hydrology, 2001, 47 (1)：29 - 51.

[187] Bauget, F. , Fourar, M. Non - fickian dispersion in a single fracture [J] . Journal of Contaminant Hydrology, 2008, 100 (3 - 4)：137 - 148.

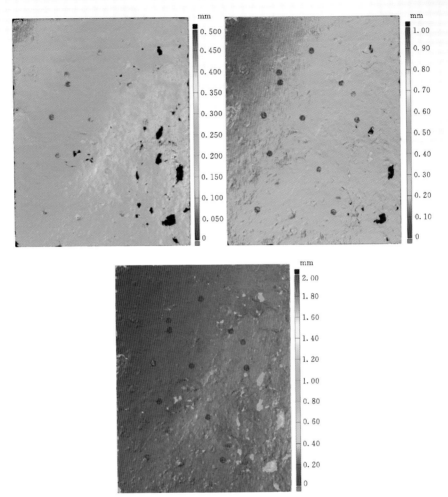

图 3.5　天然页岩人工裂隙不同尺度的三维扫描图

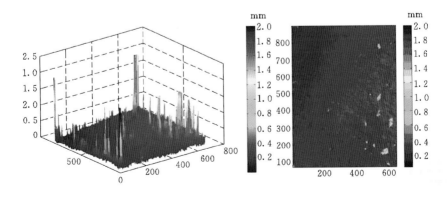

图 3.7　计算机重建裂隙隙宽分布图（832×652 像素）

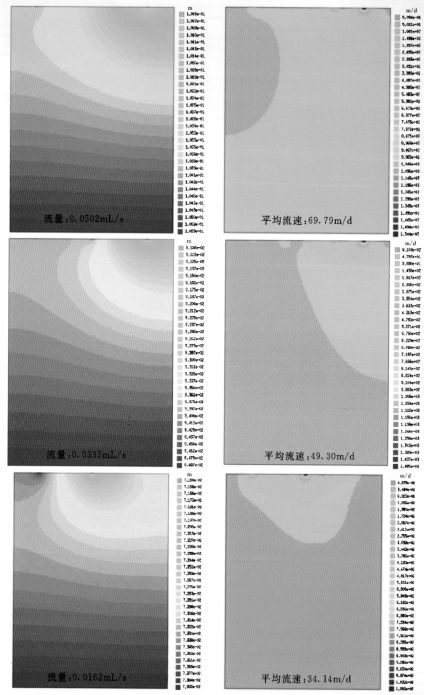

图 3.13 （一） 透明裂隙中水流实验模拟结果

（左图为水头等高线云图，右图为其对应的速度等高线云图）

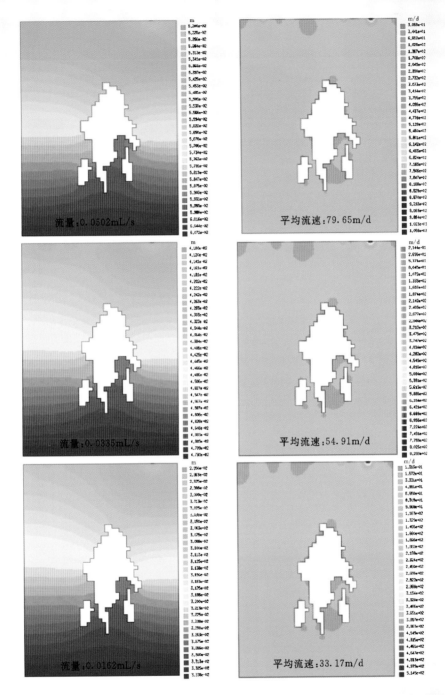

图 3.13（二） 透明裂隙中水流实验模拟结果

（左图为水头等高线云图，右图为其对应的速度等高线云图）

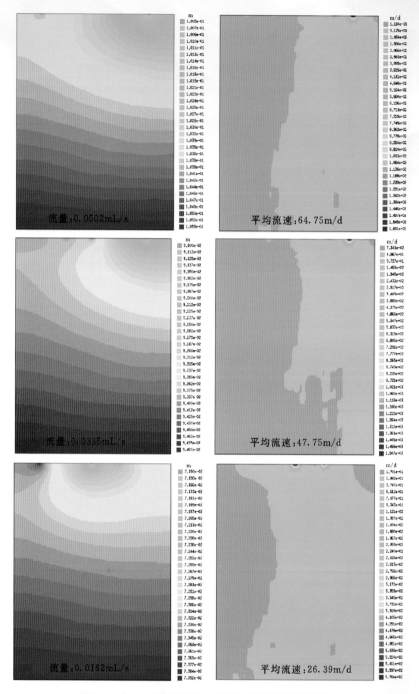

流量:0.0502mL/s

平均流速:64.75m/d

流量:0.0335mL/s

平均流速:47.75m/d

流量:0.0162mL/s

平均流速:26.39m/d

图 3.14（一） 透明裂隙中不均匀渗透系数模拟结果

（左图为不同流量下水头分布云图，右图为其对应的流场速度云图）

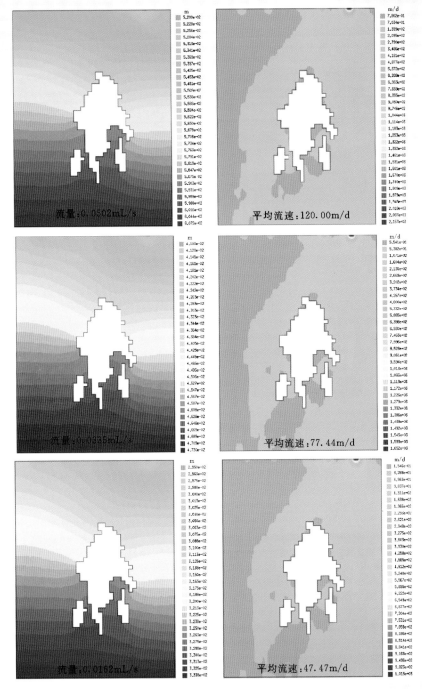

图 3.14（二） 透明裂隙中不均匀渗透系数模拟结果

（左图为不同流量下水头分布云图，右图为其对应的流场速度云图）

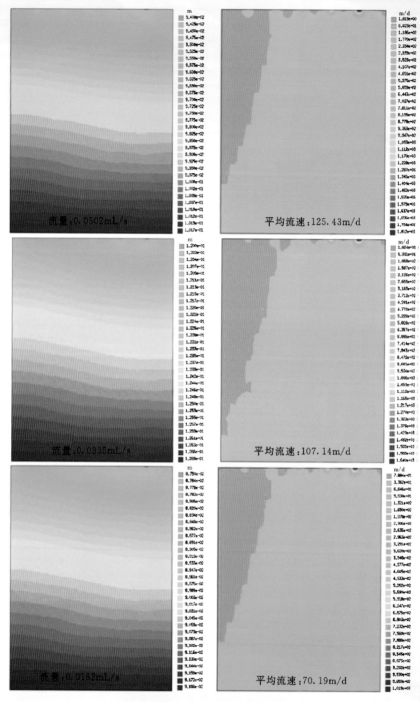

图 3.16　页岩裂隙水流实验模拟

（左图为等水头云图，右图为其对应的等速线云图）

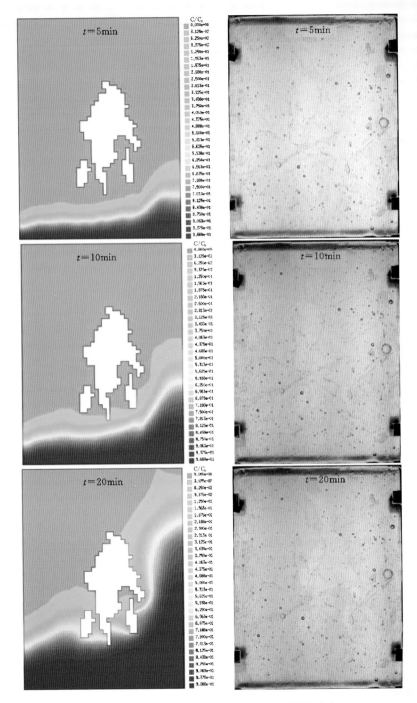

图 3.19 裂隙溶质运移模拟结果与实际结果对比

(左图为模拟结果，右图为其对相应的实际结果)

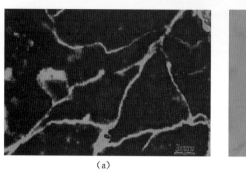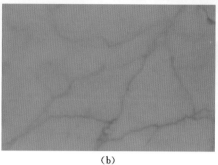

(a)   (b)

图 4.15　紫外灯下的裂隙图

（a）实拍图；（b）灰度图像

图 5.3　裂隙板件实物及局部放大图

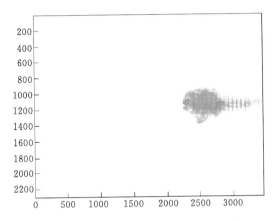

图 5.4　校正后的图像与背景图像的差值

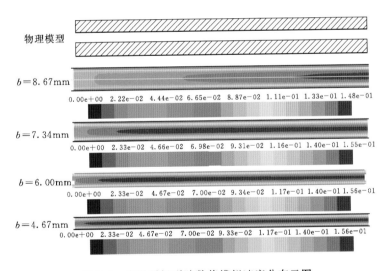

图 5.6　光滑平板裂隙数值模拟速度分布云图

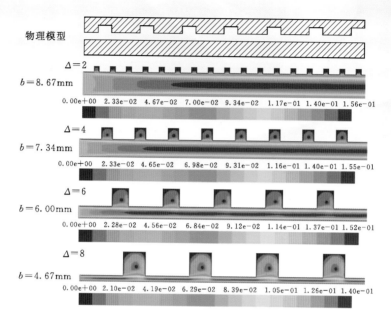

图 5.7 矩形剖面粗糙单裂隙数值模拟速度分布云图

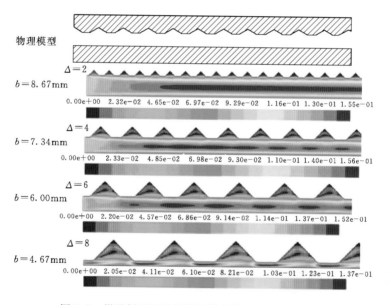

图 5.8 梯形剖面粗糙单裂隙数值模拟速度分布云图

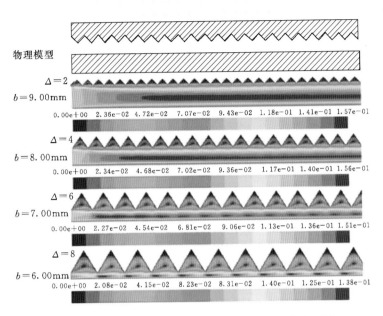

图 5.9 三角形剖面粗糙单裂隙数值模拟速度分布云图

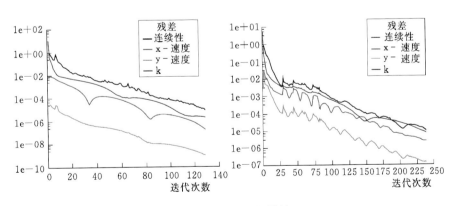

图 5.10 残差分析结果

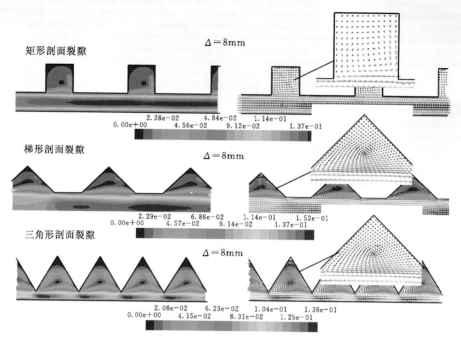

图 5.11 水平粗糙裂隙粗糙元内漩涡分布图

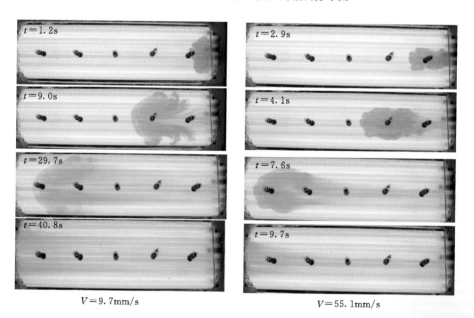

图 5.14 水平光滑裂隙示踪实验污染羽分布示意图

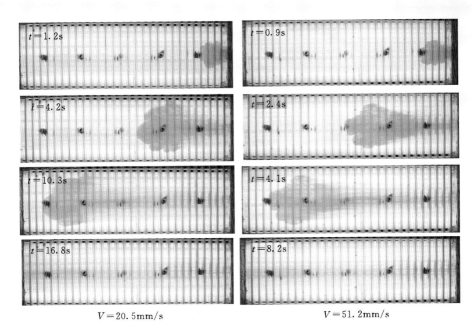

图 5.15 梯形剖面粗糙裂隙示踪实验污染羽分布示意图

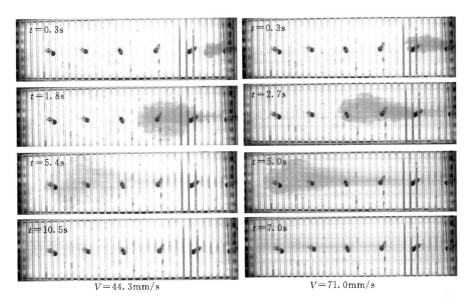

图 5.16 水平矩形剖面粗糙裂隙示踪实验污染羽分布示意图

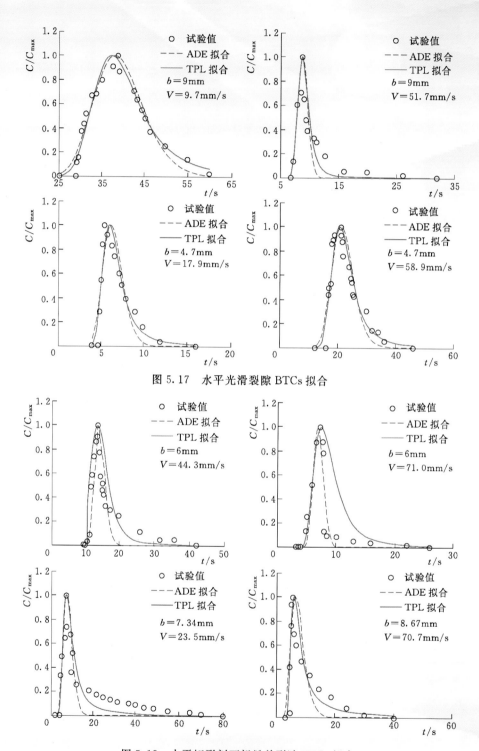

图 5.17　水平光滑裂隙 BTCs 拟合

图 5.18　水平矩形剖面粗糙单裂隙 BTCs 拟合

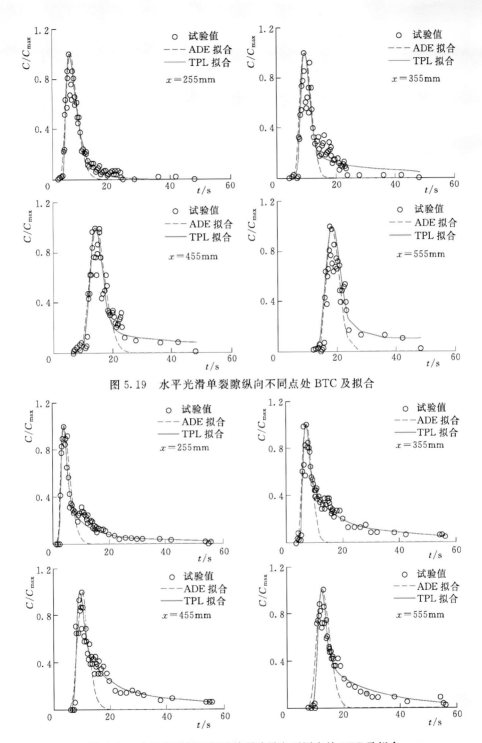

图 5.19 水平光滑单裂隙纵向不同点处 BTC 及拟合

图 5.20 水平梯形剖面粗糙单裂隙纵向不同点处 BTC 及拟合

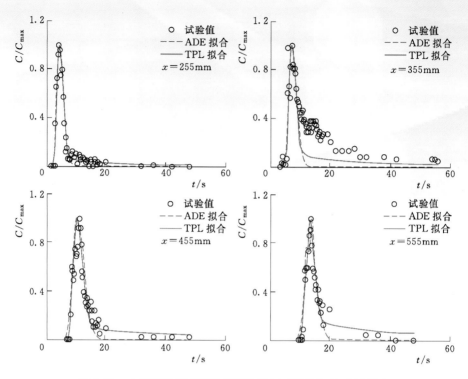

图 5.21　水平矩形剖面粗糙单裂隙纵向不同点处 BTC 及拟合